世界をやりなおしても生命は生まれるか？

長沼毅

朝日出版社

世界をやりなおしても生命は生まれるか？

目次

第3章　生命を数式で表わすことができるか？……147

はじめに

生命とは何か。ドイツの科学哲学者カール・ポパーは「生命とは問題を解くことである」と言ったそうだ。では、その「問題」とは何だろう。「1＋1は何？」というのも問題になり得る。十進法で2、二進法なら10だ。では「生命とは何か？」というのも問題になり得るか？　これはすでに二重の問題になっている。つまり、「この問題は問題になり得るか？」という構造だ。こういうワンランク上の問題を「メタな問題」と言う。

メタな問題を続けよう。「生命とは何か？」が問題になり得るとして、ポパーの言葉に入れてみる。「生命とは『生命とは何か？』を解くものである」。これを目にした瞬間、向かい合わせの鏡の世界を覗《のぞ》き込んだときのような、くらくらする目眩《めまい》を覚えないだろうか。どこまでも繰り返される相似形の世界。まるでフラクタルだ。つまり、僕たちが生命を考えること自体が、フラクタルの一部になっているのだ。

あるいは「自己言及」と言ってよいかもしれない。「生命って何？」と問い続けながら生き、そして、その生を全うして死にゆく生命。しかし、死ぬ一方で、生命は蔓延《はびこ》る、増殖する。「自分って何？」と問う存在がどんどん増えていく。この世界を覆い尽くしていきながら、それぞれの存在が「自分って何？」とぶつぶつ自問自答しながら、また殖《ふ》えていく。こんな世界は薄気味がわるいかもしれないけど、僕はきらいじゃない。

そして、そんなことをずっと考えてきた僕は、かなり歪《ゆが》んでいるらしい。べつに僕は困っていないが、歪みを直したい人もいるようだ。その人は僕に高校生との対話を仕掛けた。高校生は真っ直ぐにぐんぐん伸びる力を内蔵した生命体である。彼らと対峙《たいじ》させることで、僕を真っ直ぐに矯正《きょうせい》できると思ったのだろう。その目論見《もくろみ》は当たったか外れたか。せっかく真っ直ぐに伸びるはずだったのに、彼らのほうが歪んでしまったかもしれない。

この本は全4章からなっている。高校生とは4日連続で会って、1日1章という構成だ。初日（第1章）は全体講義ということで大勢の前で一方通行的にお話しさせてもらったので、対話にはなっていないが、イントロダクションとしてはまあよいだろう。あとの3日間は自ら参加してきた10名の知的好奇心あふれる高校生とのセッションだった。第2章はセッションの始まりなので、ゆるい話題から入り、動物の体のつくり、生物進化、3体問題などから、最後は「地球は生命体か?」という大きな問題に広がってしまった。話題はぜんぜん収束しなかったけど、セッションの始まりは興味のおもむくままに発散してよいと思ったからだ。

第3章は地に足のついたセッションにするため、前日の話題になった動物の体のつくりから生物進化、ゲノム、そして、パソコン上で動く人工生命(デジタル生命)などについて詳しく話し合った。さらに、デジタル生命を実体化したケミカル生命の実例を紹介し、最後に、ゲノム(DNA)のレベルでも人工生命が誕生したことに触れて、生命の本質のひとつが数式や文字列として明らかになるだろうことに思いを巡らせた。

第4章はまとめのセッションである。ケミカル生命が「本当の生命」になるために、あと何を加えたらいいのかを考えた。キーワードは、エネルギー、エントロピー、非平《ひへい》衡開放系《こうかいほうけい》、散逸構造《さんいつこうぞう》など、生物学というより物理・化学の言葉ばかりだ。そして、最後は「生命は宇宙の死を早めるか」という、存在論的な議論をすることができた。

このセッションは、生物という実例の背後にある、「メタな問題」としての生命を考えるものだったので、哲学的なところまで行けてよかったと思う。また、十人の侍みたいな高校生たちと対話することで、僕の蒙昧《もうまい》だった部分が明らかになる一方、新たなアイデアも生まれてきた。そんなライブ感をこの本で追体験していただけたら、とても嬉しく思います。
では、生命感あふれるセッションをどうぞお楽しみください。

第1章　地球外生物の可能性は地球の中にある

みなさん、こんにちは。長沼毅《たけし》と申します。広島大学の生物圏科学研究科というところから来ました。僕は「変な生き物」を研究しています。今日は、ここ、広島大学附属福山中・高等学校の先生方からチャンスをいただいて、生物の特別講座を行ないます。どうしたらみなさんにサイエンスの面白さを知ってもらえるか。どうやったらみなさんに、われわれ科学者の仲間になってもらえるか。そんなことを先生方とずっと共同研究してきたんです。

最近の課題は、われわれ科学者がいかなる思考をして仮説や理論を作るか。その思考パターンと現場をみなさんに知ってもらう、というものです。そこで今日のお題ですね。「地球外生物の可能性は地球の中にある」。このテーマに沿って、科学者の考え方をみなさんに追体験してもらいたいと思っています。

記念日で結びついた宇宙と人生

まず僕の個人的な話から始めますね。僕の誕生日は1961年4月12日です。この日は人類が初めて宇宙に飛んだ日。日本では「世界宇宙飛行の日」と呼ばれています。この日に生まれたことは僕にとっては重要です。自分が宇宙と非常に密接につながっているということを感じるからです。この日に生まれるのは、自分の希望や意志では無理なので、天国のお父さんとお母さんに感謝しています。

「世界宇宙飛行の日」は、来年（２０１１年）でちょうど50周年なんですよ。２０１１年4月12日あたりに新聞やテレビ、インターネットなどで「宇宙飛行50周年」というニュースをみなさんも見たり聞いたりするでしょう。

そのときに思ってください。長沼も、もう50歳なんだな、って（笑）。息子も高校３年生なので、僕はたぶんみなさんのお父さんお母さんと同じ年代だと思います。

１９６１年4月12日に宇宙船「ボストーク１号」で宇宙に飛んだのは、ソビエト連邦、つまり今でいうロシアのユーリ・ガガーリンという空軍パイロットでした❶。そのときに、当時のアメリカ大統領、ジョン・F・ケネディが言うんです。「我が国の頭上をロシア人が飛ぶとは許しがたい。我がアメリカも１９６０年代中にアメリカ人を月に送るんだ」。これはケネディの有名な宣言です。

この宣言によって、NASA（アメリカ航空宇宙局）が創設されました。そして宣言どおり、60年代ぎりぎりですが１９６９年に、アメリカ人２人（船長はニール・アームストロング）が月に立ちました。これが有名なアポロ11号の月面着陸です。

しかし、アメリカ人はそれだけでは腹の虫がおさまらないんですね。１９６１年４

The Huntsville Times
Man Enters Space
'So Close, Yet So Far,' Sighs Cape
U.S. Had Hoped For Own Launch
Soviet Officer Orbits Globe In 5-Ton Ship
Maximum Height Reached Reported As 188 Miles
Hobbs Admits 1944 Slaying
To Keep Up, U.S.A. Must Run Like Hell
Praise Is Heaped On Major Gagarin
'Worker' Stands By Story
Reds Deny Spacemen Have Died
Reds Win Running Lead In Race To Control Space

❶「人類が宇宙へ」と伝える当時の新聞
アメリカのアラバマ州の新聞、*Huntsville Times*の記事（1961年4月12日）。中央の写真が、ユーリ・ガガーリン。© NASA/ courtesy of nasaimages.org

月12日のちょうど20年後、1981年の4月12日に人類で初めて、宇宙にスペースシャトルを飛ばします。まったく同じ日、ソ連（ロシア）ではガガーリンが宇宙に飛んで20周年というお祝いの日に、アメリカはスペースシャトルを打ち上げたのです。

　アメリカとロシアの競争なんて僕には関係がないから、それはそれでいい。僕にとって個人的に重要な問題は、これが僕の二十歳の誕生日だということ。自分の誕生日が人類初の宇宙飛行の日で、二十歳の誕生日が人類初のスペースシャトル宇宙飛行の日。素晴らしいことですよ。

スペースシャトルは危険な乗り物

ちなみに、初めて宇宙に行ったこのスペースシャトルの機体の名前は「コロンビア」と言います。アメリカ人にとってこの名前がどういう響きを持っているか。それは日本人にとって「やまと」と同じ響きを持つらしい。だから、僕の二十歳の誕生日は、スペースシャトル「やまと」が初めて宇宙に行った日なんですね。

しかしこの「コロンビア」号、２００３年に空中分解して乗員７名が全員死亡しました。地上に着陸して帰ってくるまで、あと14分というところでした。たいへん残念です。これがアメリカ人の心にどれだけ大きな心の傷を残したか。言ってみれば、日本人の夢を託した「やまと」が空中分解して乗員が全員死亡したというようなことです。

宇宙飛行士の野口聡一さん。ついこの前（２００９年12月～２０１０年６月）宇宙に行きましたよね。野口さんの初フライトは２００５年なんですが、当初の予定では、さっき言った「コロンビア」の次の回、あの空中分解の4週間後、２００３年３月１日が野口さんの初フライトの予定日でした。しかし、野口さんの見ている前でシャトルは爆発して、７名全員死亡。もう次のフライトはないかもしれない、しかも永遠にないかもしれない。野口さんはそう思ったでしょう。

実は1986年にもスペースシャトルは爆発しています。「チャレンジャー」号。みなさんの生まれる前ですね。打ち上げ直後、まだ皆が見送っている前で爆発して、これも乗員7名が全員死亡したんです。その中には宇宙から生徒たちに授業をしようとした学校の先生もいました。

「コロンビア」が空中爆発したときのフライト番号は113でした。フライト番号とフライト回数は必ずしも一致しませんが、それほど大きな差もありません。だから、スペースシャトルは113回かそれくらいの回数を飛んで、2回大爆発し、14人死んでいる。スペースシャトルは危険な乗り物なんだということをよく理解しておく必要があるんです。

もうシャトルはなくなるんじゃないか。仮にシャトルが復活しても自分はこんなに危ない乗り物に乗るんだろうか。野口さんは不安を抱いた。でもそのとき彼は思うんですね。自分は宇宙に飛ぶために頑張ってきたんだから、ここで諦《あきら》めたらダメだ。そう踏みとどまってその2年半後、2005年に見事シャトルのNo.114のフライトに飛び立ちます。このときの働きが認められて、彼は2009年12月の末から2010年6月頭まで、約半年の長期におよぶ宇宙ステーション滞在を成し遂げたわけです。

君が宇宙を目指す理由は何か

僕は野口さんと同じときに宇宙飛行士の試験を受けました。僕が35歳のときです。野口さんは受かって、僕は落ちた。だから僕はここにいるんですよ（笑）。僕は「ナガヌマ」だからアイウエオ順に並ぶと、たまたま野口さんと席が隣合わせでした。それで野口さんに言ったんです。「野口さん、俺がそっちに座ってたら俺が受かってたでしょ」って。そしたら野口さんが言うの。「そんなこと、絶対にない」。そのときの面接官の一人に毛利衛《まもる》さんがいました。職業宇宙飛行士としては日本人第一号の方です。

面接のときだったか、その後のざっくばらんな雰囲気のときだったか忘れましたが、毛利さんが僕に訊《き》くんです。「長沼君、君が宇宙飛行士を目指す理由は何かね。動機は何かね」。もちろん僕は言うわけです。「だって僕の誕生日はあの日ですよ。人類が初めて宇宙に飛んだ日。僕が宇宙に行くのは当たり前じゃないですか」。

毛利さんは返します。「でも、その日に生まれた人は他にもいっぱいいるよね」。おい、おい、毛利さん、夢のない言葉を言いますね……。でも、そのときに分かったんです。僕は特別な人間ではなくて、大勢の中の一人なんだって。ただ、それに気づいたのが35

歳って、ちょっと遅かったですかね。

さらに毛利さんは訊きます。「もしも君が宇宙飛行士に選ばれたら、我が国にとってどういうメリットがあるかね」。僕は当時「しんかい」という潜水船で深い海の底、すなわち深海の調査をやっていました。誰もが簡単に行けるところではないですよね。そこで「一人の人間が深い海の底から宇宙まで行ったらすごいじゃないですか。こういう人間を日本から出すということに大きな意義があると思います」と応えました。毛利さんが言います。「じゃあ、僕が潜ればいいんだね」（笑）。毛利さんは本当に7年後に深海調査に潜ったんです。

そんなことがあっても、毛利さんとは今でもお付き合いをさせてもらっています。それはさておき、宇宙に2回も行った野口さんのたいへん立派な活躍を見ると、ああ僕が受からなくてよかったなあと、つくづく思います。彼が受かってしかるべき男だったんです。

今後もまた宇宙飛行士の試験があるかもしれませんけど（ちなみにそれは定期的ではなく、きわめて不定期にしか行なわれないんですけど）みなさんもチャンスがあったら受けてみてください。受かり方は知りませんが、どうやったら落ちるかは知っていますので（笑）。

滑り台の下で考えた「生命とは何か」

宇宙飛行士の試験に落ちた僕はとてもがっかりしました。僕だってそれなりに一生懸命勉強していたので。その日から僕は空を見上げることができなくなりました。もう自分はあそこに行けない、と思ってしまう。特に夜空、きらめく星なんか、絶対に見上げられない。ずうっと下ばっかり向いている。そこでふと思ったのです。どうせなら、この地球の上を端《はし》から端まで這《は》いずり回ってやろう、って。

自分の人生も振り返りました。そして、幼稚園の頃を思い出した。みなさんも乗った、幼稚園の滑り台。幼い僕は着地した砂の上で考えたんです。自分はあそこから滑ってきて今ここにいる。でも本当のところ、自分はどこから来てどこに行くんだろう。この問いは今までいろいろな人が考え、様々な宗教でも論じられている問題ですよね。

自分、そして人間は、どこから来てどこに行くんだろう。大事な問題です。みなさんも考えてみてください。僕はこの問いを、幼稚園の4歳のときに、滑り台の下で思いつきました。そして砂場で固まってしまいました。それ以来、この問いがずうっと僕の心を捉えて離さない。今でもそうです。科学者が問題や仮説を考えつくとき、というのが今日のテーマでもあるけれど、この問いが僕の根本的問題なんです。

これはなかなか難しい問題なので、科学者が考える場合には問題を解きやすい形に変形します。数式の変形と同じですね。先ほどの問題をもう少し簡単に言うと、「自分とは何なのか」。この問いを、みなさんを含めて、人間以外の生き物も含めて、さらに一般化すると「生命とは何なのか」という問題に変形できます。

それでも「生命とは何なのか」という問題は相変わらず大きすぎて、普通の人の手に負えません。だから僕は「『生命とは何か』とは何か」という、複雑な問いにもう一段変形しました。つまり、「生命とは何か」という問題そのものはいったいどういうことを問うているのか。こういう二重構造の質問をすることが、科学者や哲学者の特質です。そして、こういう二重構造の問題のことを「メタな問い」と言います。メタな問いを考えることで、問われてすぐに出る答えではなく、その問題の本質が見えてくるんです。

今後みなさんも問題に行き詰まったら、「そもそもこの問題とはいったい何なのか」「そもそもこの問題は何を問うているのか」なんて、一歩ひいてメタに考えてみると、面白い視点を発見できると思います。

生命は光を食べて生きている

「『生命とは何か』とは何か」を手はじめにして、今日はいろいろ考えていきましょう。でも、いきなり「生命」というと大きすぎるので、まずはここにいるわれわれ人間のことを考えます。つまり、「人間とは何か」と問う。まあ、いろいろな答えがあるでしょうけど、僕が考えたところでは「人間とは◯◯を食べて自分自身の体を保ち増えるシステムである」と言えるかと思います。この◯◯には何が入りますか？　そう、普通はご飯やパンといった食べ物です。

ではこの「食べ物」とは何ぞや?というふうにどんどん追究しましょう。食べ物とは、ご飯であれば稲（米）、パンであれば小麦、つまりは植物。言ってみれば他の生物・生命です。牛（牛肉）や豚（豚肉）やマグロもそうです。われわれは他者の命を奪って生きています。だから、「人間とは他の生命を食べて自分自身の体を保ち増えるシステムである」と言えますね。で、「人間」という言葉を「生命」に戻すと、命題はこうなります。「生命とは他の生命を食べて自分自身の体を保ち増えるシステムである」と。

この命題をシンプルにしてみましょう。要するに「生命とは生命を食べるシステム」

となりますね。こういった表現を自己言及、あるいは自家撞着《じかどうちゃく》と呼びます。論理的には無限ループのこと。「生命は生命を食べるシステム」って、何を言っているのかよく分からないわけです。自己言及に陥《おちい》ってしまうと物事が堂々めぐりをしてしまって、それ以上考えられなくなってしまう。だから、こういった問題提起や解答の仕方はやめましょう。

そこで「生命とは生命を食べるシステムである」という問題を、もう少しサイエンスで扱える形にします。僕たちはご飯やパンを食べます。もともとそれは稲や小麦などの植物。肉や魚だって、おおもとは植物ですよね。牛は牧草を食べて育つので、人間が牛を食べるとき、それは牛を経由して牧草を食べているようなものなんです。

それでは植物はいったい何を食べるのか？　もちろん植物はモノを食べません。しかし植物といえども何らかのエネルギーは必要です。植物にとって決定的なのは日光（太陽の光）。植物は光のエネルギーで育ちます。

繰り返しましょう。われわれが稲や小麦などの植物を食べる。牛や豚や魚といった動物も食べる。牛や豚や魚のおおもとは植物である。植物は光エネルギーで育つ。ということは突き詰めて言うならば、われわれ人間は光エネルギーを食べていると言って構わないんです。すると、先ほどの命題はこう書き換えられます。「生命とは光エネルギーを食べるシステムである」。

小学校から今にいたるまで、たぶんみなさんは「地球の生命は太陽の恵みを受けた奇跡的な存在である」と教わっていると思いますが、そのことの意味をいま詳しく説明しました。「太陽の恵み」というのは光エネルギーのことですね。つまり、「地球の生命は太陽の光エネルギーの恵みを受けた奇跡的な存在である」ということです。

世界の果てにも生物は棲んでいる

ところが、この地球には光不要の異質な生命世界があります。たとえば、水深何千メートルもあるような暗黒の深海底です。そこには光が届きません。それでも生命が存在する。彼らは究極的には何によって生きているんだろう？ 光以外のどんなエネルギーに依存しているんだろう？ エネルギーがなければ生命は絶対に存在できないので、その正体不明のエネルギーを探して、僕は深海に潜ったわけです。そして、その考えをどんどん押し広めるために、一見生命が生存できないような極限の状況に、生命と新たなエネルギーを探して、深海以外の辺境《へんきょう》にも行っています。

たとえば、ここ❷。アタカマ砂漠《さばく》。南米のチリにあります。つい最近（2010年10月）、

❷アタカマ砂漠
太平洋とアンデス山脈のあいだを南北約1000キロメートルに渡って延びる。平均の標高は約2000メートル。

チリ鉱山の落盤事故で坑夫33名が634メートルの地底に閉じ込められて、その救出がありましたよね。その近くです。アタカマ砂漠は、南極のドライバレーというところを除いて、地球上でもっとも乾燥しているところです。ほとんど雨が降らなくて、アタカマ砂漠のある場所では過去数千年間も雨が降った形跡がないそうです。

こんなところに生き物はいそうにないけれども、実はこの岩肌の中に生き物がいます。生き物といっても目に見えないほどの小さいやつ、微生物です。乾燥に強い耐久細胞、いわゆる「胞子《ほうし》」というものを作るタイプです。身近なところでは納豆《なっとう》を作る納豆菌というものも胞子を作りますが、アタカマ砂漠にいたのもやはり納豆菌に似ていました。

砂漠にもいろいろあって、アタカマは岩石砂漠や土《つち》砂漠が多いのですが、サハラ砂漠は本当に砂漠らしい砂漠、いわゆる砂《すな》砂漠です。この砂の中にも微生物が棲《す》んでいます。また、「塩湖《えんこ》」と言って、サハラ砂漠の一部には真っ白い場所があります。塩が吹き出して、厚い層をなしているんですね。塩湖には水が溜まった湖もあるし、水がなくなった平らな塩地もあります。いずれにせよ、この塩の中にも微生物がいます。

そして、これ❸。塩湖と見た目に区別がつかないほど白いのですが、これは南極の氷《ひょう》床《しょう》です。氷床とはうんと大きい氷河《ひょうが》のこと。南極の面積は日本の37倍もあって、そのほとんどは厚い氷に覆《おお》われています。その厚さは平均して約2000メートル。ここ広島県に高さ2000メートルを超える山はありませんね。氷床の一番厚いところは4000メートルもあるんです。日本で一番高い山、富士山の高さは3776メートル。つまり、富士山よりも高く分厚い氷が地表を覆っているんです。そして、この氷床の中にも微生物がいます。いろいろな種類の微生物がいますが、先ほど言った胞子を作るものが多いです。

南極といえば、2000年1~2月にイタリア隊の基地に滞在し、2008年12月にもリビングストン島にあるスペイン隊のキャンプに行きました。こんな感じでまた来

❸南極の氷床

巨大な氷の塊の体積は約2500万km^3ほどもあり、地球上の氷の90%を占める。写真の白瀬氷河は昭和基地の南方約100キロメートルに位置し、全長約85キロメートル。

月下旬（２０１０年11月下旬）から僕は南極大陸に調査に行きます。残念ながら昭和基地にはほとんど滞在せず、このような氷床❸の端っこにある、雪も氷もない岩が露出したところをキャンプで点々と移動します。南米パタゴニアの氷河や北極の氷河でも調査をしました。僕は寒さに弱いんですけど、寒いところにも行くのが仕事なので頑張って行くのです。

ついこのあいだの9月25日、呉《くれ》市の川原《かわら》石埠頭《いしふとう》に南極観測船「しらせ」が入港してきました。巨大です。船の大きさを表わす総トン数（基準排水量）は1万２５００トンもあります。この船に乗って南極に行ってきます。でも、船は船でも、今日の話はこっち、潜水船です。

光のない深海に棲むチューブワーム

日本には潜水調査船が2つあります。「しんかい2000」と「しんかい6500」。「2000」のほうはもう引退してしまって、今は「6500」のみが働いています。「2000」と「6500」はそれぞれ、潜ることのできる水深を示しています。「しんかい2000」は水深2000メートルまで、「しんかい6500」は水深6500メートルまで潜れます。

これらの潜水船で深海に潜って出会った生き物がこれです❹。異形《いぎょう》の深海生物。他にも興味深い深海生物がたくさんいるけれど、これがとびきり面白いので、今日はこの生物に集中します。この生物を知ることでみなさんの頭の中がガラッと変わることを保証します。

まず見た目からいきましょう。白い筒があって、その先端に赤い花のようなものがついています。だから植物っぽく見えますが、この生物は植物ではありません。れっきとした動物です。深海には太陽の光が届かないので植物は育ちません。

光が届かなくなるのはだいたい水深200メートルくらいからで、それより深いと

❹チューブワーム

東太平洋海膨、水深約2500メートルで発見された、チューブワームのコロニー。

ころを一般には深海と言います。だから、「光が届かない暗黒の深海」というのは「白馬は白い」というのと同じくらいの同義反復（トートロジー）なんですね。

トートロジーになるけれど、重要なことなので、あえて反復しましょう。深海は光が届かない暗黒の世界なので、光エネルギーに依存する植物は育ちません。だから、この生物は動物に違いない。でもいったい、どんな動物なんだろう。

この生物の体長は普通1メートルくらい。大きいものは全長3メートルにもなります。海底火山に多く棲むのがその特徴。そして、この生き物の名前は「チューブワーム」。謎の多い深海生物です。

繰り返しますが、これはれっきとした動

物です。学問的には「有鬚動物門《ゆうしゅどうぶつもん》」というグループに属します。動物ですが、こいつは変なんです。動物はモノを食べる生き物でしょ。モノを食べない生き物は植物。ところがチューブワームはまぎれもない動物にもかかわらず、モノを食べません。消化器官、つまり口・胃腸・肛門がないんです。でも、動物だから栄養の補給が必要ですよね。こいつはモノを食べないくせに、どうやって栄養を摂《と》るんでしょう？

口がないので外部からは栄養を摂れません。内部から摂ります。実は目には見えない特殊な微生物が体内に棲んでいて、チューブワームに栄養を作ってくれるんです。ではその微生物はどうやって生きているんだろう……どんどん謎が深まりますね。秘密を解く鍵は、チューブワームが海底火山に棲んでいる、ということにあります。

「暗黒の光合成」を行なう共生微生物

チューブワームの体のつくりを見てみましょう❺。体を覆っている白い管（チューブ）は、カブトムシやクワガタの殻《から》、カニやエビの甲羅《こうら》と同じように硬い物質でできています。キチン質という物質です。その硬いチューブの中に軟《やわ》らかいミミズのようなものが入っています。軟体《なんたい》です。

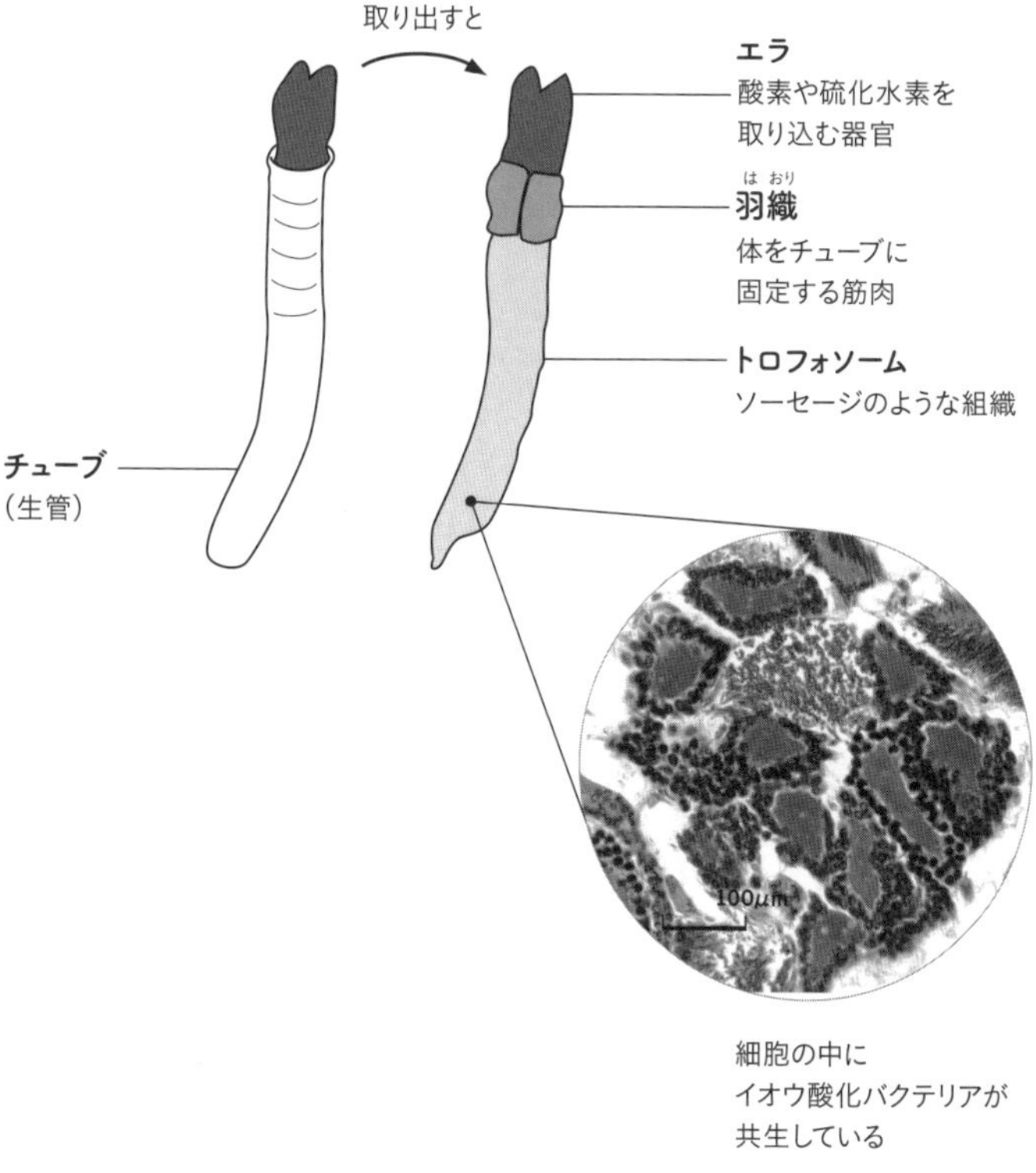

❺チューブワームの体の構造

チューブ（生管）から取り出すと、チューブワームは①エラ、②羽織、③トロフォソームの3つに体が分かれていることが分かる。写真は③トロフォソームの断面を撮ったもの。細胞の中にイオウ酸化バクテリアが共生している（黒い粒に見える部分）。

内部の軟らかい部分を上手に引き出すと、チューブワームの身体が3つの部分からなっていることが分かるでしょう。一番上の赤い部分、これはエラですね。魚のエラと同じように周りの海水から酸素を取り込みます。と同時に硫化《りゅうか》水素も取り入れます。硫化水素と言うと難しく感じますが、まあ、なんとなくイオウの化合物だと思ってください。温泉、あるいは火山の近くに行ったとき、そこで「卵の腐《くさ》ったようなにおい」と言われるもの、あれが硫化水素です。毒ガスなのでたくさん吸うと死にます。

今日は詳しく説明しませんが、硫化水素を取り込んでもチューブワームは、ある特殊な理由によって死にません。死なないどころか、その毒ガスがチューブワームにとてもよい働きをしているんです。その秘密は後でお話しします。

身体の2つ目の部分（赤いエラの部分の下）には「羽織《はおり》」と呼ばれる筋肉があります。内側からつっぱって本体というか軟体部をチューブに固定する役割をしています。

問題はその下、身体の3つ目にあたる部分。日本語はないのでカタカナで「トロフォソーム」と呼びます。どんな感じかというとソーセージです。ソーセージの内側はぐちゃぐちゃでしょ？　そんな感じです。これが身体の半分以上を占めている。実はこのぐちゃぐちゃした部分に微生物が棲んでいるんです。つまり、チューブワームの体の中。1メートルくらいあるチューブワームの体長の半分以上、場合によっては8割くらいがトロフォソームです。その中に微生物がぎっしり詰まっている。

総体重の半分以上が微生物となると、もうどっちが本体なのか分からない。まさに「庇《ひさし》を貸して母屋《おもや》を取られる」です。この体内微生物の名前は「イオウ酸化細菌《さんかさいきん》」。細菌のことを英語で「バクテリア」と言うので「イオウ酸化バクテリア」とも言います。チューブワームのために栄養を作って提供しているのは、このバクテリアなんですね。

このイオウ酸化バクテリア、実は植物の光合成《ひかりごうせい》と同じことをします。深海は光が届かない真っ暗闇の世界なので、僕はこれを「暗黒の光合成」と呼んでいます。光の代わりに使っているのは海底火山のエネルギー。太陽からやってくる光のエネルギーではなく、地球の内部から湧き上がる火山のエネルギーを利用して光合成と同様のことを行なっている。

「火山のエネルギー」というのは抽象的で、きちんとしたサイエンスの表現ではありません。本当は「化学エネルギー」と言いたいんだけど、みなさんはまだ習っていないかもしれないから、ここでは詳しくは触れません。「暗黒の光合成」の仕組みはこうです。

教科書的に言えば「光合成とは光エネルギーを使って無機物（二酸化炭素）から有機物（炭水化物など）を合成する働き」です。植物は二酸化炭素を吸収してまず自分の体を作り維持していきます。植物の体は、〔講義机を叩いて〕コンコンコン、この机の木、あるいは今みなさんの目の前にある紙などを構成しているのと同じ物質でできている。セルロースという、炭水化物の一種です。植物はそういった硬いモノで自分の体を支えます。

光合成によって植物が作るもうひとつの炭水化物、それはデンプンです。実は、イオウ酸化バクテリアもデンプンを作るんです。もちろん、チューブワームの体内にいるイオウ酸化バクテリアも、母屋（本体）の体内で海底火山のエネルギーを利用して二酸化炭素からデンプンを作ります。そして、まるで家賃を払うみたいに、そのデンプンの一部がチューブワームの栄養として使われるのです。チューブワームがモノを食べずに生きていける秘密はここにあります。

「植物みたいな動物」は悩まない

ここで植物と動物の栄養摂取の違いを確認しておきましょう。植物はモノを食べません。光と水と二酸化炭素、あとはまあ、窒素《ちっそ》やリンなどのミネラルがあれば充分で、独力で栄養（炭水化物）を作ることができる。光はエネルギーの元、二酸化炭素はセルロースやデンプンなど炭水化物の元です。

炭水化物は化学式で（CH_2O）$_n$と表わせる。ｎにはいろいろな数字が入ります。カッコの中はC（炭素）とH_2O（水）でしょう。その化合物だから炭水化物と言います。たとえば、ｎに6という数字を入れたら$C_6H_{12}O_6$、ブドウ糖ですね。ブドウ糖がたくさんつながるとセルロースやデンプンになります。光合成によって植物の体内ではこういう炭水化物がまずできて、それがさらにいろいろ変化してタンパク質や脂肪などの栄養もできます。

さて、植物と違って動物は、他の生命を食べることによって栄養を摂ります。獲物を獲《と》ったり、天敵から逃げたり隠れたりするから、知能が発達し知恵がつく。動物に脳があって植物にない理由はここにあります。

ただそれも善し悪しです。知恵がついた動物の代表格、人間は、殺生《せっしょう》の輪廻《りんね》に悩みます。他の生物の命を奪って自分が生きながらえる。そして自分もまた虎か何かに食われてしまう。虎に食われることはあまりないでしょうけど。

殺生の輪廻に一番悩んだ動物は、宮沢賢治という人間です。彼はこんなことを言いました。「ああ、つらい、つらい、僕はもう虫をたべないで餓《う》えて死のう」（『よだかの星』）。宮沢賢治みたいに知恵がついて考え込んでしまうと、ここまでナイーブになってしまうんですね。

ところが、チューブワームは悩まない。動物ですけど、植物みたいな動物なんです。モノを食べない動物。「暗黒の光合成」によって、体内に共生する微生物（イオウ酸化バクテリア）が植物と同じ働きをして栄養を自分に与えてくれるからです。

共生微生物とチューブワームはバラバラに切り離すことはできません。チューブワームの発見（1977年）からもう33年も経っていますが、微生物のみを切り離して培養《ばいよう》することに未だ成功していないんです。一心同体とはまさにこのことです。

珊瑚礁《さんごしょう》を造るサンゴも「食べない動物」ですが、体内に小さな植物が共生していて、それが光合成によってサンゴに栄養を作ってくれています。でも、これはまさに光エネルギーの恩恵でしょう。われわれが知っている常識的な生命システムと同じです。やはり、暗黒の深海底にいるチューブワームのほうが断然に面白い。

このことを知った神戸在住の元高校教師、沢田さんはこんな短歌を詠《よ》みました。

殺生の輪廻の外を漂へるチューブワームてふ生のあるらし

口もなく肛門もなき生き物のすがすがしかるらむさびしかるらむ

これはチューブワームのことを詠《うた》っています。チューブワームほど生物学的に、哲学的に、そして文学的に素晴らしい生き物は他にいないんですよ。だからこそ今日はみなさんにこの生き物を紹介しているんです。

（沢田英史『異客』柊書房、１９９９年）

クジラの死体でチューブワームは増える

これ❻は、いま高校３年生の僕の息子が小学生のときに描いた絵です。お題は「海に棲んでいる生き物」。さすが僕の子ですな、ここにチューブワームがいますね（笑）。さきに触れたように、チューブワームは海底火山に棲んでいます。海底火山なのでブクブクと泡がたっています。しかし本当のことを言うと、これはちょっと微妙です。

地球上の火山の約８割は海底火山。その大部分が水深２０００メートルから２５００メートルのあたりにあります。これほど深いところだと水圧もそれなりに高くなるので、水は３００℃を超えても沸騰《ふっとう》しません。逆に圧力が低いと１００℃以下で沸騰してしまいます。富士山の頂上でお湯を沸《わ》かしてカップラーメンに注いでも、熱

❻「海に棲んでいる生き物」
海底火山（絵の左上）からブクブクと泡がたっている……。

湯じゃないからあまり美味しくないわけです。

ところで、みなさんの家に圧力鍋ってありますか。水蒸気圧が高くなっても蓋《ふた》が開かないので、100℃以上で煮炊きできるという鍋です。海底火山というのは、頭の上に2000メートルとか2500メートルといった水が蓋をしている圧力鍋のようなところなのです。

しかし日本の近海を含めて世界の何ヵ所かには水深の浅いところに海底火山がありま す。浅いから沸騰した海水に泡がたってしまう。そこにチューブワームが棲んでいる例もあるので、まあこの絵の「ブクブク泡」は許してあげましょう。でも許せない間違いがこの絵にはあるんです。どこだか分かりますか？　これです〔絵の中央部上〕。チューブワームは泳ぎません。しかも歩かない（笑）。

チューブワームはどうやって自分たちの勢力範囲を広げるのでしょう？　その謎を解く鍵のひとつはクジラです。といっても泳いでいるクジラではなく、クジラの死体です。さっき、ちらっと硫化水素という言葉を口走りました。イオウの化合物で、卵の腐ったにおいがすると言いましたね。実際、卵が腐ると硫化水素ができますし、クジラが腐っても硫化水素ができます。しかも大量に。

クジラの死体はクジラの回遊ルートに沿って点在すると考えられる。そこにチューブワームの卵や幼生《ようせい》が流れ着いたら、そこで成長してまた卵を産み、潮の流れで分散するでしょう。こうして、クジラの死体から死体へ飛び石伝いにチューブワームは広がっていくと考えられています。

僕も実際に小笠原《おがさわら》諸島沖の水深約4000メートルの海底に横たわるクジラの死体を見たことがあります。クジラはほぼ白骨化していて、背骨の下に小さなチューブワームがいました。また、鹿児島の海岸に漂着したクジラの死体を人工的に海底に置いて、海洋研究開発機構（JAMSTEC）の研究者たちがずっと観察しているのですが、その骨にチューブワームの親戚が生えてきたのです。ホネクイハナムシという怖いんだか美しいんだか分からないような名前です。これも体内に微生物を共生させているのですが、それは「暗黒の光合成」をしないものです。では、この共生関係はどうなっているのか、どんな意味があるのか。それはまさにいま研究されているところです。

海底の下に広がる微生物の巣

問題はここからです。今日はこれまで、深海の海底面に棲んでいるチューブワームの話をしました。でもそれだけではつまらない。チューブワームを養《やしな》っているのは詰まる

❼海底火山の熱水噴出孔
沖縄トラフ海域の熱水噴出孔「ブラックスモーカー」。熱水は岩石成分を溶かし込んで黒くなる。水深1337メートル。© JAMSTEC

ところ地球の内部から湧き上がってくる火山活動のエネルギー（化学エネルギー）。そのおおもと、海底火山の下のほうも調べようと思ったんです。

この写真を見てください❼。ここに見えている黒煙のようなもの、これは煙ではありません。海底の地中深くから湧き上がってくる熱水です。温度は３００℃を超えていますが、高い水圧のせいで沸騰はしません。

僕はこの真っ黒い熱水を採取しました。そして顕微鏡で覗《のぞ》くと微生物がいるんですよ。これ❽は微生物の細胞です。

この微生物は明らかに海底火山の下に由来する。ちなみに生物が生きていける最高温度の記録は現時点で１２２℃。日本の

❽海底火山に由来する微生物

海底の下から噴き出す熱水（約200℃）の中に存在する微生物。おそらく存在するだけで生きてはいない。伊豆・小笠原弧の水曜海山の熱水噴出孔（水深約1400m）で採取したもの。

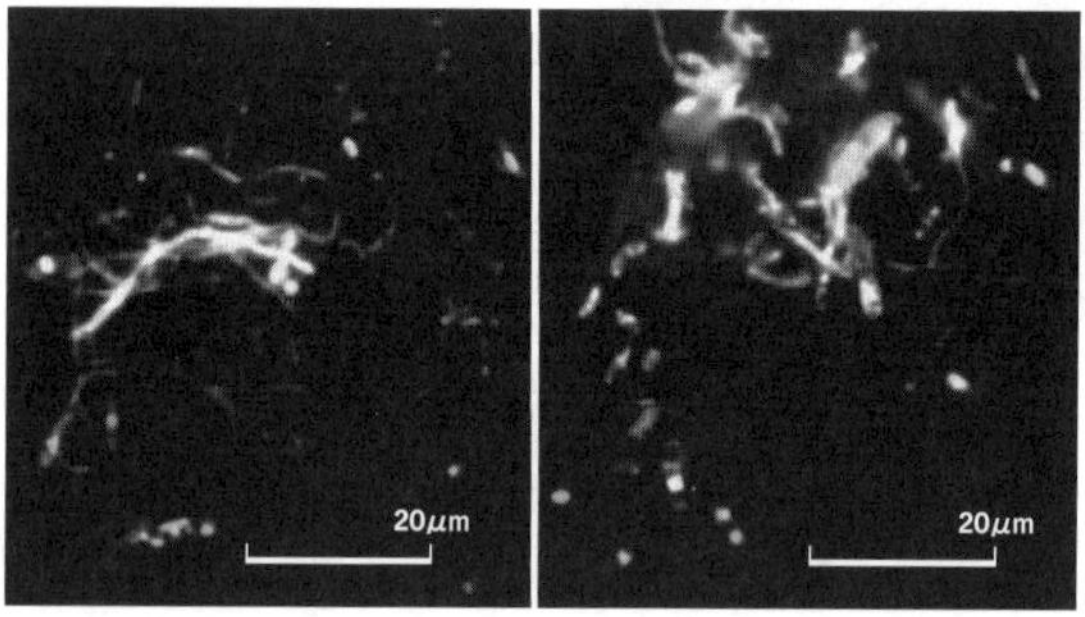

海洋研究開発機構の研究者が出した数字ですが、これを上回る温度の記録は出ていません。300℃を超える熱水の中でこの微生物が生きているとは到底思えない。つまり、採取した時点では微生物は（高温のため）死んでいたはず。では、この生き物はどこに棲んでいたんでしょう？

この問いの答えを探るために海底火山に穴を掘りました。これ❾は海底火山の断面図です。海底火山の周りの海底には割れ目が多い。この割れ目に海水が侵入します。深海の海水温度はだいたい2～3℃。冷蔵庫の庫内温度がだいたい4℃なので、冷蔵庫よりもちょっと冷たい水ですね。

この冷たい水が亀裂《きれつ》を通って海底の奥深くに浸入していく。海底火山からだいたい

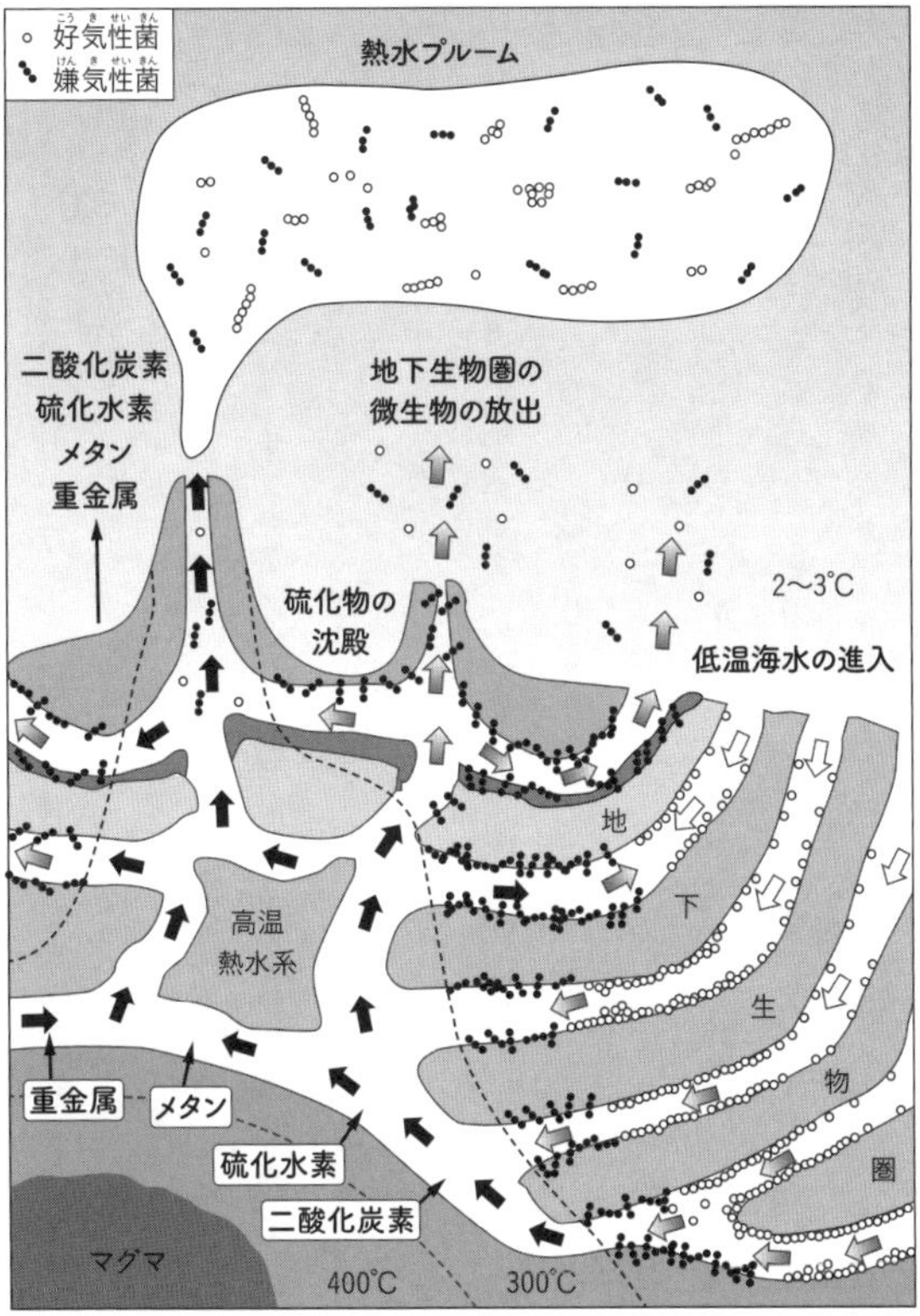

❾海底火山の断面図

海底の割れ目から侵入した冷たい海水は、高温のマグマで熱せられ、高温熱水になる。重金属（鉄など）、メタン、硫化水素、二酸化炭素などが周りの岩石から溶け込み、変身を遂げた異質な熱水（高温熱水系）は、岩盤内を上昇し海中に噴出する（熱水噴出孔）。岩盤中の温度勾配は「モザイク状」に広がり、個々のモザイクに好気性菌（酸素が必要な細菌）、嫌気性菌（酸素が不要な細菌）それぞれの微生物の巣があると考えられる。噴出した熱水は煙のようにたなびき（熱水プルーム）、微生物に好適な環境を作る。

浦辺徹郎氏より許可を得て作図（一部改変）

1000メートル（1km）下には、「マグマ溜《だ》まり」があり、そこには高温のマグマで熱せられた岩があります。この熱い岩と冷たい海水が接触すると熱水ができます。熱水がフワーッと1000メートルほど浮き上がって海底火山の噴出孔《ふんしゅつこう》から出てくる。これが黒い熱水の噴出の正体です。

ここで立ち止まって考えるんですよ。この❾で示していますが、マグマ近くの熱い岩の温度が400℃です。この辺りの海水は400℃のものすごく高温の熱水、専門的には超臨界水《ちょうりんかいすい》と言いますが今日は詳しく説明しません。一方、深海のもともとの海水温度は2～3℃って言ったでしょう。400℃から2～3℃までとなると、ここには温度の高いところから低いところへの温度勾配《こうばい》が絶対にあるんですよね。

400℃、300℃、200℃、100℃、50℃、40℃、30℃、20℃……そして2℃。必ずどこかに30℃から40℃といった、多くの微生物にとって適温帯である中温帯がありますよね。その適温帯のどこかに微生物の巣があるんじゃないかと考えるんです。割れ目の多い海底の岩盤です。その亀裂の表面に微生物がべちゃーっとへばりついて蔓延《はびこ》っているような様子をイメージしました。

割れ目の表面というのはすごい世界です。たとえば冷蔵庫の消臭剤。この中には活性《かっせい》炭《たん》というものが入っています。活性炭にはたくさんの微小な穴が開いていて、その穴の表面の面積がすごい。活性炭1グラムあたりの表面積（比表面積）はなんとテニスコート2面分以上です。

普通の岩石もそこまではいきませんが、かなりの比表面積があります。だから見かけに反して海底の下には膨大《ぼうだい》な表面積が広がっている。地球の表面積、約5億平方キロメートルより、ずっと広い表面積がある。そこにはたくさんの微生物が棲んでいるだろうと思ったので、僕たちは彼らの住処《すみか》めがけて穴を掘りました。

地下1000メートルの研究室

大きな穴堀りマシンをいろいろな海底火山に下ろして、ガガガーッと穴を掘りました。そうして10メートルくらい掘ったら見事、微生物の巣に当たった。僕たちが伊豆—小笠原弧《こ》（弧は弧状になった海溝《かいこう》と海底火山列のこと）とかマリアナ弧とかいうところの海底火山を掘ったら、やっぱりあったんです。海底火山の下に微生物の巣があった。しかしこれは海底火山だから10メートルで済んだということ。

海底火山ではない普通の海底では、そう簡単にはいきません。海底火山から離れるにしたがって、マグマなどの熱源が深く遠ざかります。とはいえ、地球の奥深くは熱くて、海底は冷たい。ということは、いずれにせよ普通の海底の下にも温度の勾配があり、やはり途中に適温帯・中温帯があるんです。

普通の海底の場合、適温帯は海底の下、2000メートルから3000メートルの辺りだろうと考えられる。吊下《つりさ》げ式の穴掘りマシンではとても掘れません。そこで船そのものが穴掘りマシンになっているような掘削船《くっさくせん》というもので掘ることにしました。それは統合国際深海掘削計画（IODP）で行なわれます。僕の仲間たちは海底にさらなる穴を掘り進め、微生物の巣を探りました。

すると、やはり巣はあったのです。しかも、深さごとに違うタイプの微生物が棲んでいることも分かりました。たとえば、それほど深くないところには硫化水素を発生する微生物がいて、それより深いところには酢酸《さくさん》やメタンを発生する微生物がいるという具合です。IODPでは、地球深部探査船「ちきゅう」という船も使っています。これもやはり海洋研究開発機構の船ですが、つい最近も沖縄の海底火山を掘ったばかりです。

こうして僕たちは海底火山の下、そして、何にもない普通の海底の下にも微生物の巣があることを発見してきました。それどころか、海底のみならず、陸上でも穴を掘って地下の微生物の巣を見つける努力をしています。

岐阜県の瑞浪《みずなみ》というところには1000メートルの縦穴を掘っています。今はまだ

５００メートルくらいですが、予定どおり１０００メートルの深さに到達すれば、そこに微生物の実験室を置かせてもらえたらいいなと思っています。１０００メートル下の現場からさらに横穴や縦穴を掘って、微生物のサンプルを採る。そしてそのまま培《ばい》養《よう》する。地中に採取したサンプルを押し込んで反応を見る。多角的に実験をしたいと思います。

地下１０００メートルの研究室ができあがるのも、あと数年と踏んでいます。完成すれば必ずニュースになるので思い出してください。一般向けの見学機会もあるでしょうから、みなさんの希望があれば１０００メートル下の世界へ一緒に行きましょう。

ちなみに地底まではエレベーターで移動します。１０００メートルも上り下りするスーパー・エレベーターです。いま建設中の日本で一番高い建物、東京スカイツリーが完成すれば高さ６３４メートル。ドバイにある世界で一番高いタワー、ブルジュ・ハリファでも８２８メートルなので、スーパー・エレベーターのすごさが分かるでしょう。

北海道の幌延《ほろのべ》というところには、この姉妹編、地下５００メートルの研究施設を作っています。近くにはラムサール条約で保護されているサロベツ原野という観光名所もありますので、完成したらここにもみなさんと一緒に行きたいですね。

地下にこそ本当の生物圏が広がる

これまでの話から示唆《しさ》されるのは、深海底のさらに奥、あるいは地底のもっと下にも生物世界のフロンティアが広がっているということです。この世界を「地下生物圏《せいぶつけん》」と呼んでいます。そこには莫大《ばくだい》な微生物の巣がある。

海洋の平均の深さは3800メートル。地球の表面の約70％を覆っています。対して地下生物圏（地底と海底下）の厚さは察するに5000メートル。その根拠は生物が生存可能な温度の上限が122℃ということ。この温度に到達する深さは平均5000メートルだからです。

しかも地下生物圏は地球をぐるっと100％取り巻いています。さらに、地底の割れ目の表面積はとてつもなく広い。他方、「陸上生物圏」は地球表面の約30％を占めるにすぎない。海洋生物圏は地球表面の約70％を覆い、その平均の深さというか厚さは約3800メートルとたしかに大きな生物圏ですが、それでも地下生物圏にはかないません。

地下生物圏の研究は今から20年くらい前から活発になってきました。それで世界中のせんね。そこで地下生物圏に棲む微生物の量を推測しました。

⑩陸上・海洋生物圏と地下生物圏の生物量

地下生物圏の生物量（総量）は、少なくとも、陸上・海洋生物圏の2倍かそれ以上になる。

生物量 [総体重]	陸上・海洋生物圏	地下生物圏
植物	1兆〜2兆トン	0
動物 （人間）	＜100億トン (3.5億トン)	0 (0)
微生物	3000億トン	3兆〜5兆トン

研究者によるデータを集めて、地下生物圏と普通の生物圏（つまり陸上と海洋）の生物量を比較した人がいます。生物量（バイオマス）とは、そこにいる生物の体重の合計量のことです。みなさんは生き物の数を調べたり、個体の体重を量《はか》ったりしたことがあるでしょう。でもそれだけでなく、全体をひとくくりにして総体重を推計するということも、生態学、いわゆるエコロジーという分野ではよくやるのです。

まずは伝統的な生物圏から。陸上と海洋には植物が1兆トンから2兆トン存在します。動物は100億トンに近い数十億トン。そのうち人間が約3・5億トンと推定される。人間の世界人口を68億人（2010年1月現在）、1人あたりの体重を約50キロとして換算したものです。微生物は目に見えませんが、数量でいえば多い。よって陸上と海洋では3000億トンほど。これがわれわれの普通に知っている世界の生物量です。

それに対して、地下生物圏の様子はどうでしょうか。地底や海底の奥には光が届かないので植物はもちろんいません。充分な生息《せいそく》空間がないので動物もいません。非常に微小な空間しかないので、そこに棲めるのは微生物だけです。以上を計算します❿。

そうすると地下生物圏に生息する微生物は3兆トンから5兆トンほど。地底に棲む微生物の数を調べた研究結果を整理し、それを地球全体に押し広げた推定値です。われわれが知っていた生物圏と比べてどうですか？　想像以上に大きいでしょう。ざっくり言って、地下生物圏の生物量は陸上・海洋生物圏の2倍かそれ以上です。

われわれ科学者はこのことを最近まで知らずにいたのです。みなさんもそうです。でも今、みなさんは知りましたね。しかも、今ここに出した地下生物圏の3兆トン、5兆トンという生物量は控えめな数字です。この10倍の数字を言う研究者もいれば100倍を言う人もいます。ここでは一番控えめな数字を言っているんです。それでもなお、われわれの常識を覆《くつがえ》すような世界が地下には存在する。

地球の生命は地球そのものの恵みを受けている

それら大量の微生物を養っているものは何でしょう。地下生物圏の全貌《ぜんぼう》はまだ明らかになっていませんが、重要なもののひとつに火山エネルギーがあります。チューブワームは海底火山から湧き出る化学エネルギーによって生きていましたよね。そのエネルギーはもともと地球の内部にあったものです。それが地球の表面に出てくるのが火山で、地球には全部で何個の火山があるんだろう。いろいろなデータがあって、千個くらいから1万個を超えるものまであるんですが、その数とは関係なく、地球の内部に行けばそんなエネルギーはいくらでもある。

今日の講義は、太陽の光エネルギーこそが生命を養う、というところから出発しました。しかし太陽の光の届かない海底・地底にも大きなエネルギー源があったんです。したがって地球の内部にこそたくさんの生物が存在できます。深海底の表面に棲むチューブワームは太陽の光エネルギーなしで生きていける。この事実をもっと激しく劇的に拡大した生命の世界が地球の内部にあるんです。

地球の生命は太陽の恵みを受けた奇跡の存在だ。みなさんはそう思っていたでしょう。でも、それは地球の表面の生命のことです。実は、地球は内部にも生命を宿している。

地球内部の生命は地球そのものの恵みを受けている。これは地球に限ったローカルな話ではありません。もしかしたら、他の惑星にも同じことが当てはまるかもしれない、ユニバーサルなことなのです。このように生命の見方は更新されました。

海と火のある星を求めて

今日はチューブワームの例をみなさんに紹介しました。地下生物圏のことも教えました。地球の内部こそが巨大な生物圏である。ポイントは海底火山、というか地球の内部がアクティブ（活動的）であること。その地球的というか惑星的なエネルギーを利用して生命は蔓延《はびこ》る。

ここで「海底火山」から字を引いてきます。「海」と「火」。あるいは「水」と「熱」。生命が生息するには、この2つの要素があればいい。僕がこだわっている火山エネルギー、つまり化学エネルギーの根本にはこの2つの要素があればいいのです。では、地球以外にもこの2つの条件を備えた天体があるでしょうか。要するに、水と熱のある惑星や衛星があるでしょうか？

あります。ひとつの候補は木星のガリレオ衛星です。今からちょうど400年前、

〔A〕

〔B〕

⓫ガリレオ衛星とイオの噴煙

〔A〕ガリレオ衛星。左から（木星から近い順に）、イオ、エウロパ、ガニメデ、カリスト。
〔B〕イオのロキ火山の噴煙。ロキは太陽系でもっとも強力な火山で、地球のすべての火山を合わせたよりも活発に熱を放出している。© NASA/ courtesy of nasaimages.org

ガリレオ・ガリレイが手製の望遠鏡で木星を観察したとき、木星の周りを回る4つの衛星を発見しました。これが地動説のきっかけです。4つの衛星は木星に近いほうから、イオ、エウロパ、ガニメデ、カリスト⓫A。そのうち木星の第一衛星イオには火山活動があることが分かっています。

この写真⓫Bの左下に青白い噴煙が見えますよね。明らかな火山活動です。この噴煙の高さは100キロメートル以上。地球の火山の噴煙はせいぜい10〜20キロメートルなので、圧倒的です。イオの表面はボコボコしていますよね。これはみな火山のクレーターです。イオの表面にはすでに100個以上の火山が知られています。非常に活動的な衛星です。しかし残念ながらここには水がありません。

イオと同じような火山活動が、お隣の第二衛星エウロパにも絶対あるはずなんです。イオもそうなんですが、火山の熱源は「潮汐《ちょうせき》加熱《かねつ》」というもの。太陽系で一番大きな惑星である木星と、太陽系で一番大きな衛星であるガニメデに挟まれて、イオやエウロパには大きな潮汐力（引力の差による力）が作用します。

地球だって、太陽と月の潮汐力で海水が動いて満潮《まんちょう》・干潮《かんちょう》が起きるように、地球の岩石の部分、いわゆる固体地球も少しだけ伸び縮みしています。同じことがイオとエウロパにも起き、岩石の伸び縮みで生じた摩擦熱《まさつねつ》が岩石を融《と》かしてマグマを作り、火山が噴火するのだろうということです。

50キロメートルの氷の下に眠る神秘の生態系

エウロパの表面は厚い氷、おそらく数キロメートルから数十キロメートルの厚さの氷で覆われているので、その火山活動をエウロパの外から望遠鏡などで見ることはできません。ちなみに表面が氷で覆われた惑星や衛星というのは太陽系においては珍しくありません。氷の惑星とか氷の衛星なんて、ちょっと信じられないかもしれないけれど、よくあることなんです。地球の歴史でも3回かそれ以上、地球の表面が氷に覆われました。太陽系には氷惑星（天王星と海王星）や水衛星（エウロパ以外にもたくさん）があるので、氷に覆われていること自体は珍しい話じゃない。

珍しいのは火山活動（熱）があるということです。イオには火山活動がある。エウロパにもあるんだけれども、実態は外からは見えない。しかし内部に海底火山があることが確実視されているので、厚い氷の底が融けた水、すなわち海がエウロパにも絶対にある。海があって火山があったら、それは海底火山。何かがいそうだと思いませんか？

エウロパの氷の下にある海を探そうと思っても、問題は分厚い氷なんです。数キロメートルから数十キロメートルの厚さです。ただし、外国の研究者たちは南極の氷床で予行演習みたいなことをやっています。

南極の厚い氷床の下には、まだ凍りついていない液体の湖が160個以上あります。そのうち一番大きい湖、琵琶湖《びわこ》の面積の約20倍というボストーク湖に向かって、いま穴が掘り進められています。氷の厚さは3743メートルもありますが、あと100メートルの地点まで到達しました。おそらく僕が今回南極に滞在しているあいだに貫通するでしょう（結局、僕がいるあいだには貫通せず、次のシーズンに持ち越されました）。過去1千万年以上、氷によって隔絶された神秘の生態系がどんな生物を持っているか。それがもうすぐ分かるんです。

ボストーク湖での生命探査には、独自の進化を遂げたであろう生物との対面という学問的な興味とともに、エウロパでの生命探査の予行演習という面もあります。つまり、人類は3～4キロメートルくらいの氷なら穴を開けられるぞという技術の開発と確立です。しかし、仮にエウロパ表面の氷を貫通したとしても、その氷の下の海が次の問題になる。

エウロパの海はとてつもなく深いんですよ。50キロメートル（5万メートル）もある。地球の海のもっとも深い場所で水深11キロメートル（1万1000メートル）です。

5万メートルは絶望的か……と思いきや、実は深さは問題ではありません。50キロなんて所詮距離です。距離なんて時間をかければいくらでも進めるんです。

むしろ問題は水圧です。でも、水圧は重力に比例するところに救いがある。エウロパの重力は地球の13％、すなわち0・13倍。ということは、エウロパの海の水深5万メートルの水圧は地球の海の６５００メートルの水圧にしかなりません。６５００メートル、これはどこかで見た数字ですね。「６５００」と言えば……

エウロパに生命を発見する日

……「しんかい６５００」。「しんかい」は潜水船なので、そのまま宇宙に行くことはできませんが、たまたま、スペースシャトルに乗せられるんです。あ、疑っていますね。よろしい。証拠を見せましょう。

スペースシャトルの荷台（ペイロードベイ）は全長が18メートル、直径が4・5メートル。しんかい６５００は、全長が10メートル足らず。幅3メートル。すっぽり入ります。シャトルは29トンの重さまで運べます。「しんかい」は26トン。すっかり収まります。

ということでスペースシャトルに「しんかい」を積んで宇宙ステーションに持って行

きます。宇宙ステーションからはロケットブースターでワンブーストかツーブースツ、ブンブンとやれば、木星と地球の位置関係にもよりますが、6年くらいでエウロパに到達するのではないか、そんなことを妄想しています。

そうすればやがて、しんかいがエウロパの海に潜ってエウロパのチューブワームを発見する日が来るでしょう。それはもちろん僕自身が見つけたい。エウロパのチューブワームに会いたい。そのために宇宙飛行士になりたかったんだから。でも、僕は宇宙飛行士になれなかった。それで宇宙を諦めて地球のどこまでも、文字どおり地の果てまで歩き回ることにしたんです。でも、そうしているうちに、結局、エウロパのチューブワームに戻ってきてしまった。

エウロパに僕自身が行くことはないでしょう。ならば、無人探査機に僕のマシンを積んでエウロパの海に潜らせるのもいいかもしれない。でも、やはり、有人探査、人間の肉眼で見ることに価値があると思うんです。それをするのは年齢からいって僕じゃない。それは若いみなさんです。頑張って行ってきてください。ということで終わりにします。ありがとうございました。

第2章　生命のカタチを自由に考える

みなさん、こんにちは。

――こんにちは。

昨日はみなさんの頭を柔らかくするために、僕のことを紹介しつつ、「生命とは何か」という問題を提起し、それを考えるひとつの例として謎の深海生物チューブワームのことを紹介しました。そして、宇宙のチューブワームというところまで話が広がってしまいました。でも、「生命とは何か」という問題にはあまり答えていませんでしたね。これから3日間にわたって「生命とは何か」についてもっと深く、真正面から考えていきたいと思います。今日は初日なのでリラックスしていきましょう。

ここであらためて僕の自己紹介をするよりは、まずちょっとしたお題を出します。そこからみなさんの考えをいろいろと述べてほしい。今回の講義では、生命について今までにない観点から考えたいと思っています。

みなさん自身、生命について今まで教わり、考えてきたでしょう。生命、あるいは生物について、まずは自分の持っているそういったバックグラウンド（背景知識）を教えてほしい。そのうえで今日は、一つひとつ、みなさんが持っている常識の枠をぶち壊したい。そして、みなさんの頭をグラグラと揺さぶってみたい。

僕たちはすでに自分の体、ボディを持ってこうして生きていて、形や素材、つくりによって自分たちの「命」は大きな制約を受けている。でも、少なくとも頭の中では、そういった制約を全部取っ払って、普通とはまったく違った生命を考え出せたらいいなと思っています。最終日まで時間をかけて、ほんとうに自由に、生命というものを考えたいと思っているんだ。

もしも「悪魔の実」を食べたなら――理想の生き物になる

今日のお題は『ONE PIECE（ワンピース）』。知らない人はいる？

――……アニメ？

1人いた（笑）。漫画の『ワンピース』（尾田栄一郎著、集英社）。知らない？　じゃあ、よく知っている人から説明してもらおうかな。『ワンピース』の中に出てくる「悪魔の実」のこと、教えてくれる？

――食べるやつでしょ？

そう、食べるやつ。

――「悪魔の実」の能力は1人につきひとつしか使えない。ひとつの実の能力を複数の人が得ることはできない。あと、その実を食べた人は絶対に金づちになって、でもその代

⓬『ワンピース』の「悪魔の実」
「悪魔の実」によって身につく超人的な能力の一例。「ハナハナの実」を食べると、体の各部を花のように咲かすことができる。© 尾田栄一郎／集英社

わりに超人的な能力を手に入れることができる。

そうそう。その実を食べると何か特別な能力がつくんだよね⓬。体をゴムにしたり、体重を自由に変えたり。たとえば、「キロキロの実」を食べると、自分の体重を1キログラムから1万キログラム（10トン）まで自由に変えられるようになるんだよね。そういう「実」を食べた人のことを通称、「能力者」って言うんでしょ？

――はい。

ただ、能力がついても金づちになってしまって……といったデメリットも若干あったけれども、そんなことはさておいて（笑）。いろんなルールがあるんだったよね。でも大事なことは、悪魔の実を食べると超

能力が身につく、ということ。よくあるのが変身系。

今は『ワンピース』のお話にとらわれずに、みなさんだったらどんな変身をしたいか、ありとあらゆる制約を外して考えてみてください。自分の理想とする能力、理想とする形、あるいは生き方。自分はどんな生き物になりたいか。

難しい？　じゃあ、ちょっと映画を観ながら考えてもらおうかな？　『ターミネーター2』（1991年）っていう映画。

——ああ……なるほど。

殺人ロボット「ターミネーター」には、シュワルツェネッガー扮《ふん》する古いタイプ（T-800型）とは別に、新しいタイプ「T-1000型」っていうのがある。T-1000型はものすごい変形能力を持っている。その一端を見てもらおうと思って今日は映像を用意してきたんだけど、よく見たらたいした変形をしていないんだよね（笑）。まあ、人間の想像力なんて、こんなもんかなっていうことかもしれない……〔動画を観る〕。

そうそう、この辺りの場面が面白いんじゃないかな。ついでに音も出そう（笑）。よく分からないけどT-1000型の見た目はどうもメタリック。完全にバラバラになってしまっても、水銀のような液状になってまた集まってくる⓭。つまり、体の形も質感も、自分の好きなように変えられるんだね。

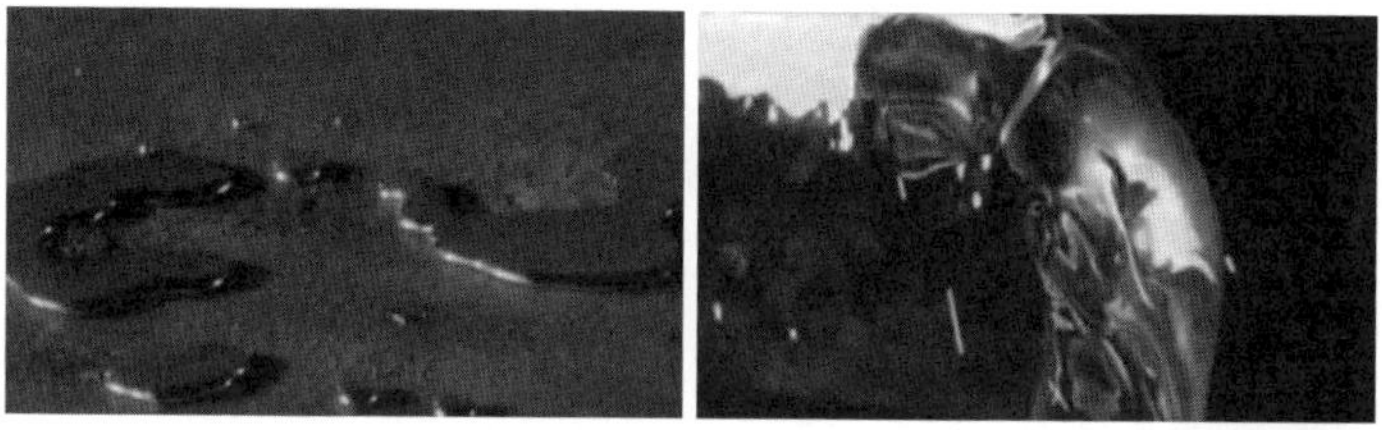

ターミネーター２　特別編
4,935円（税込）
ジェネオン・ユニバーサル・エンターテイメント
（発売日現在）

⑬ターミネーター「T-1000型」の変身

凍ってバラバラに飛び散った体が熱に融かされて、水銀のような液滴になる（左）。
それが自動的に集合し、元の体が復元される（右）。

別のこの場面では顔面や体が穴ボコだらけになっても戻っちゃう。エレベーターのドアが閉まったものの、手をニョローンと伸ばしてドアの隙間に入れて、手をシュッと刀に変えてしまう。これが、『ターミネーター2』に出てくるT‐1000型というロボットです。

　それはさておき、「もしも『悪魔の実』を食べたなら」。どんなことを考えたか教えてくれるかな。じゃあ、端《はし》から順番に訊《き》いていくよ。

——何でもいいですか？

　もちろん。何でもいいんだよ。

——単純に空を飛びたいです。

　どんなふうに？

——えーっと、タケコプターで（笑）。

つまり、それは自分の体の一部が……タケコプター化する？

――はい。

うわっ、いきなり面白い答えが出たね（笑）。

「回る」生物は存在しない

頭の上にタケコプターがあって、それ以外はどんな形をしているの？

――それ以外は普通の人間です。

――本気で言ってるの？（笑）

――マジです（笑）。

これはこれですごい。

――はい。タケコプターの部分は普段は元に戻る。シューって引っ込んでいく感じで。

なるほど、いきなりツボをついているから、いきなりツボに入りましょうか。この根っこ、つまり、タケコプターと頭のてっぺんとのつなぎ目はどうなっているの？

――一体化しています。

一体化してるって……つまり、回転軸があってグルグル回るということだね。

⓮鞭毛

コレラ菌の仲間、腸炎ビブリオのもの。「ビブリオ」とは、「バイブレーション」（振動）を意味するラテン語で、鞭毛が激しく振動する様を表わしている。© 大阪府立公衆衛生研究所

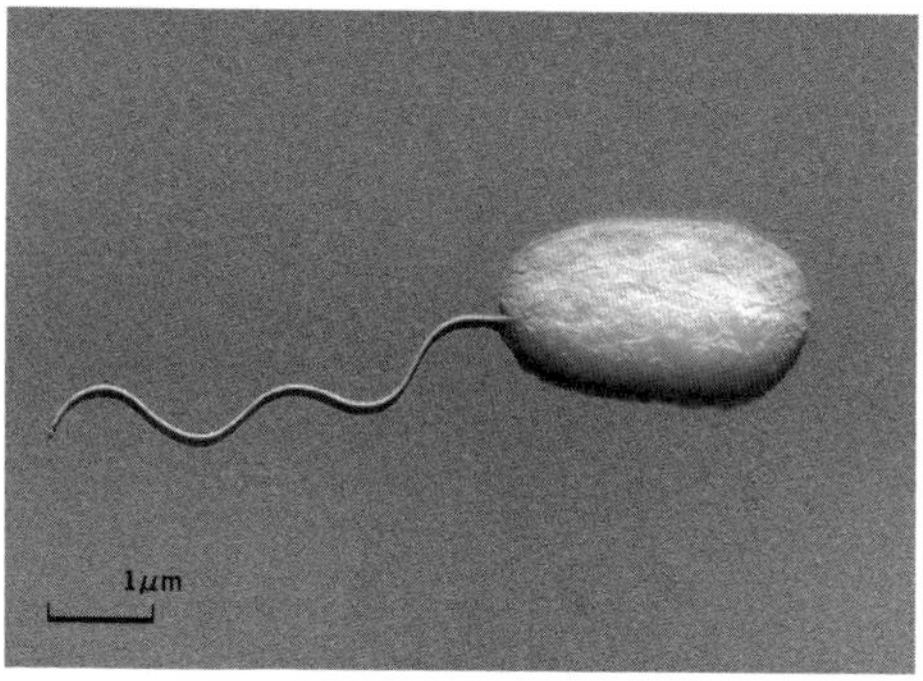

――はい。そんなイメージです。

回す力は一体どこから来るのか、という細かいことは置いといて、この構造が面白い。実は、生物界には「回る」という構造が基本的にないんだ。回転構造を持っている生物はいない。想像すれば分かると思うけど、たとえば、この「タケコプター生物」が横倒しになったら、回転する部分は車輪になるよね？　車輪のついた生物っているかな？

ただ、2つだけ例外がある。微生物の鞭《べん》毛《もう》っていうやつ。バクテリアは知っているよね？　大腸菌《だいちょうきん》、乳酸菌《にゅうさんきん》といった細菌《さいきん》のこと。大腸菌や、それによく似たビブリオ菌の細胞の端っこに鞭毛っていう螺旋状《らせんじょう》の毛が生えている⓮。

この根っこがまさに回転軸。鞭毛はモーター状になっているんだ。生物界で唯一のモーターはこのバクテリアの鞭毛の根っこ。鞭毛は波打つように動いているのではなくて、クルクル回っているの。

鞭毛はクルクル回るとスクリューとして推進力を生み出す。これがバクテリアが泳ぐ方法だ。生物界にこんな動き方は他にない。さあ、とても珍しい生き物がいきなり出たね。ちなみに、もうひとつの例外は「ATPアーゼ」というタンパク質複合体。ミトコンドリアの膜に埋まっている。もちろん、僕たちのミトコンドリアにもある。これは後でまた触れると思うので、今はちょっとパス。

まあ、ここまで難しくなくていいよ(笑)。もっと普通の思いつきでいいから、他の考えはあるかな？

アゴはもともとエラだった

――私は泳ぐのが苦手なので、海や水の中でも上にあがって呼吸せずに、ずっと潜っていられるようになりたいです。

そっか。エラがあればいいのかな。どのへんにほしい？

——うーん、このアゴのあたりかな（笑）。

——なんか、『ハリー・ポッター』のエラ昆布《こんぶ》みたい。

——そう、それで何か変なところにエラを取り込める（笑）。もしくは、エラが首にあったら、あんまり目立たないかな……。

　恥ずかしいの？　でも、いま君が触っている場所って、多分エラなんだよね。

——えっ？

　何と、アゴはもともと魚のエラなんです。

——えー！（一同）

　何か細長い生き物の口から水が入って、顔の両側にある切れ目から水が抜けていく。これが魚のエラの基本的な構造だね。

　約5億2400万年前の海に生息《せいそく》していた、地球で最初の魚「ミロクンミンギア」（*Myllokunmingia fengjiaoa*）は、体の先端に口というべきか丸い穴があっただけ。だから円口類《えんこうるい》と呼ぶんだけれど、これはアゴがない魚。丸い口をポカンと開けた、鯉《こい》のぼりをイメージしてもらえばいいかな。

　でも、鯉のぼりなら体内に風を溜め込むのがいいんだけど、本物の魚は体内を水が通り抜けたほうがいい。そうすると常に新鮮な水から酸素を取り込めるでしょ。サメなんか、常に泳いでいないと死んじゃうらしいよ。マグロも時速40キロメートルくらいの高速で泳ぐことがあるから、酸素を大量消費するの。こうなると泳ぐから酸素が必要なのか、酸素がほしいから泳ぐのか分からなくなるね。

エラの始まりはただの切れ込みっていうか、裂け目。鰓裂《さいれつ》って言うんだ。ただの裂け目じゃ風に吹かれた旗《はた》みたいにバタバタして都合が悪いから枠をつけたの。鰓弓《さいきゅう》って言う枠を。裂け目の内側から梁《はり》を入れた感じだ。それが2重、3重、4重になってくるんだけど、その一部が前のほうに移動して硬くなって、口をパクパクできるようになったわけ。これを僕たちはアゴと言う。アゴはもともとはエラの名残《なごり》だ。だから、「エラが張っている」っていう表現は正しいんだね⓯。

今の話は、ここらへん、かつてのエラの痕跡《こんせき》であるアゴの辺りに、先祖返りみたいにまたエラが復活してほしいということ? 果たしてそれが効率いいのかなあって思うんだけれど、いいのかもしれないね。

——エラがなくなったっていうことは、人間の今の生活に……

——必要ないっていうことだよね?

でも、海やプールに入ったらエラがまた恋しくなるんでしょ?(笑) 贅沢《ぜいたく》な話だなぁ。

——エラが復活したら奄美大島《あまみおおしま》の水害みたいなときには、おぼれずに助かる。

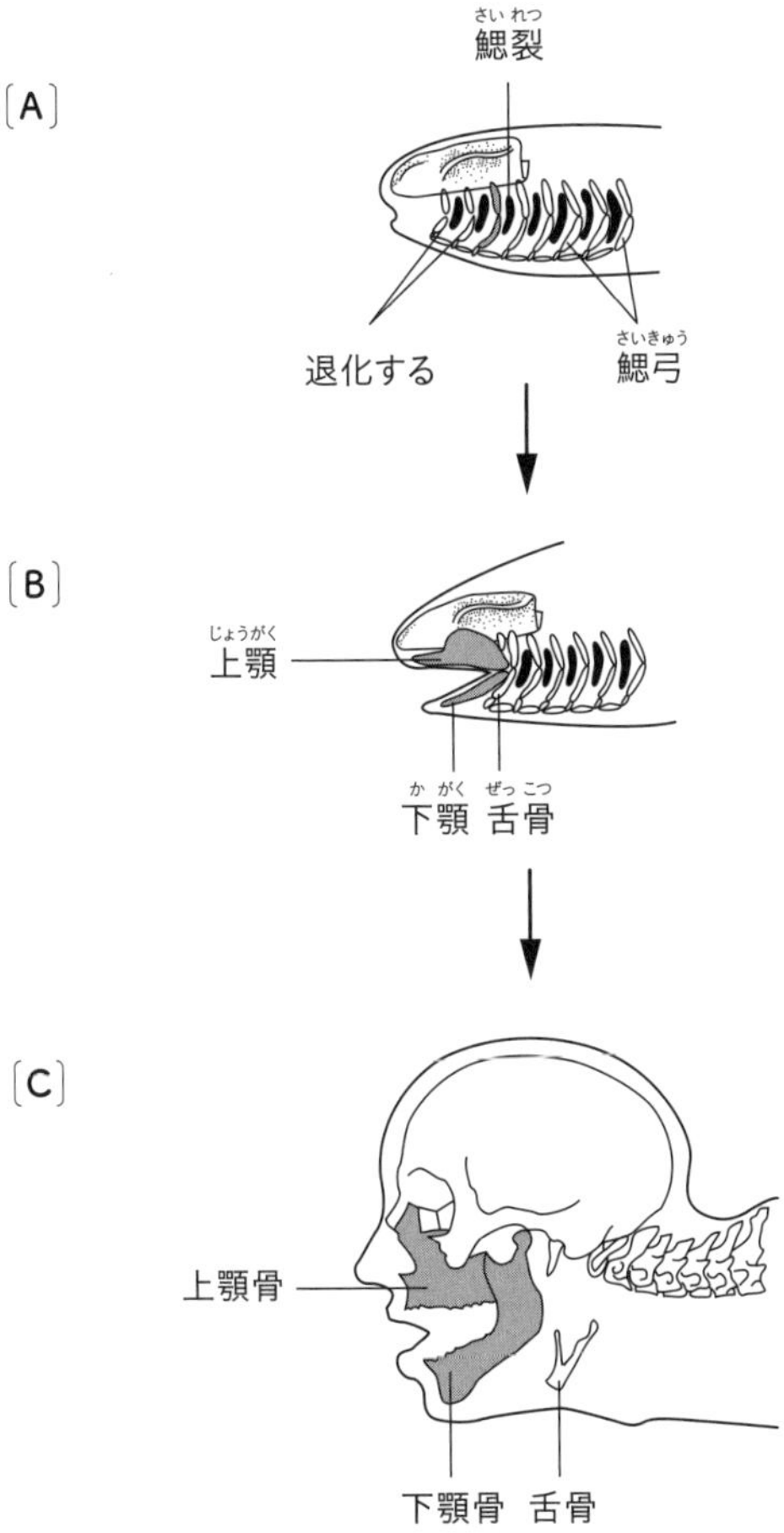

⓯エラからアゴへの進化

原始の魚にアゴはなく、裂け目（鰓裂）とそれを支える骨格（鰓弓）しかなかった〔A〕。やがて1番目と2番目の鰓弓が退化し、3番目の鰓弓が上顎と下顎に変化する（その後ろの鰓弓は舌骨になる）〔B〕。それぞれは人間の上顎骨と下顎骨として名残をとどめている〔C〕。

〔C〕は三木成夫『胎児の世界』（中公新書、1983年）37ページをもとに作成うんうん。ただ、不思議だよね。エラ呼吸と肺呼吸って両立しないじゃない。オタマジャクシはエラ呼吸なのに、カエルになると肺呼吸しかできなくなる。エラも肺もあって水陸両用だったらいいのにさ、必ずどっちかしか持っていないんだよね。まさにさっきの悪魔の実と同じ。1個の能力を手にすると、他の能力はもう手に入れられない。

エラもあったほうが水中でも生きられるのに、どうして僕たちは失ったんだろう。もったいない。そんな気がしてしょうがないな。でも、人間にエラがなくなったのは生物進化が出した面白い答えのひとつだ。

ちなみに言っておくと、僕たち人間が属する哺乳類《ほにゅうるい》はいろんな言葉で特徴づけられるけれど、ある人がこう言ったんだ。「哺乳類とは、噛《か》む動物である」って。モノを噛む力が一番強いのは哺乳類。硬い歯があって、頑丈なアゴと筋肉でガチンと噛んでモノを食いちぎったり、すりつぶしたりするわけでしょ。この能力は哺乳類が一番高い。特に人間がそうだよ。

じゃあ、ワニはどうだろう。ワニは爬虫類《はちゅうるい》で、あのすごい歯で噛みつかれると僕たちは簡単に殺されちゃうような気がするよね。たしかにワニの歯は鋭い。でも、鋭い歯で噛みついた後は獲物を左右に振り回して引きちぎるっていう感じなんだ。ワニのモノの喰い方は、僕たちの食べ方とは全然違う。ワニは噛みちぎって飲み込む。人間はアゴで咀嚼《そしゃく》して飲み込む。そのパワーは、元はといえば、エラから発生したんだ。

跳び上がるよりも、跳び降りるほうがたいへん

では、次の君にいってみようか。はい。

——1階から3階までとか、高い距離を普通にジャンプできるようになりたいです。ずば抜けたジャンプ力。それは飛ぶのとは違うってこと？

——飛ぶのとは違います。跳ねるっていう感じでしょうか。

ほう、すごいね。どうしてその能力がほしいの？

——よく忘れ物をするんで、ちょっと便利かなと（笑）。

あはは。でも降りるときはどうするの？　ジャンプしたはいいけど、目標物に乗れなかったらそのまま落ちるんだよね。ヒューンって（笑）。

——いや、猫って自分の体長の何倍もある距離を普通に跳んで落ちたりしても全然平気じゃないですか。そんな感じでやってみたいなと。

うん、面白い。跳び上がるよりも跳び降りるほうが何か気になるんだよな。着地の衝撃をいかにして吸収するか。

横浜のベイブリッジだったか、お台場のレインボーブリッジだったか、飛び降り自殺した人がいて、本人は入水《じゅすい》自殺、つまり溺死《できし》するつもりだったかもしれないけど、実際は水面での衝撃死なんだそうだ。みなさんもプールに飛び込んだことがあるでしょ。お腹からバチャーンってダイブするとすごく痛かったんじゃないかな。僕の育った地方では「腹ブチ」って言ってたけど。

僕は中学・高校は柔道部でして、「柔道は受け身に始まり、受け身に終わる」って言うの。あれっ、「礼に始まり礼に終わる」だったかな。まあ、とにかく受け身が大事ってことだよ。人を投げるのは簡単なの。難しいのは投げられるほう。高いところから落とされても怪我《けが》しないのが受け身。受け身の心は「丸くなる」。丸まってコロコロ転がっていれば大した怪我はしないよ。で、大学では相撲部で、とにかく弱いから土俵の上でも下でもコロコロ転がっていました（笑）。

みなさんは柔道や相撲なんて経験ないだろうけど、高いところから飛び降りたことはあるでしょ。そのとき、着地の瞬間に膝《ひざ》をガクンと曲げるんじゃないかな。着地の衝撃を吸収するために。そうは言っても吸収できる衝撃のエネルギーには限りがあるから、自分の能力の範囲で衝撃をどう吸収するかっていう問題をいろいろ考えてみてもいいかもしれない。スライムみたいな素材で和らげられるかもしれないし、エアバッグみたいな仕掛けで何とかなるかもしれない。

いま、ふと変なことを思い出した。どこの国だか忘れたけど、お祭りのとき、空に向けて鉄砲を撃つんだ。もちろん、人には当たらないと思っているんだけど、運の悪い人には当たるんだよね。上に向かって放たれた弾丸は少しずつ減速し、空のどこかで速度ゼロになって、今度は落下に転じる。そして地上に戻ってきたときは初速（ライフル銃で秒速1キロメートルくらい。拳銃だともっと遅い）と同じスピードになっている。そんなのが頭に当たったら大変でしょ。そんな事故がよくあるそうだ。

そういう事故のことを考えると、ジャンプ力を生み出す能力と、落ちてくるときの衝撃を吸収する能力は裏表の関係かもしれないって思えてくる。2つの能力をうまく同時に発達させる必要を感じるね。

たとえばノミなんかは、それこそ自分の体長の数百倍も跳ぶわけだよね。これはもう猫の比じゃない。どうしてノミは着地してもピンピンしているんだろう。もちろんノミの体が小さいからだ。体が小さいと、着地したときの衝撃エネルギーも大したことないんだ。

小さいということ、厳密には軽いということは重要だ。ノミの体をそのまま1000倍にしたら、同じように1000倍高く跳べるかというと、決してそういうことにはならない。身長1メートルの人間が1000メートル跳び上がって落ちてきたらどうなるか、想像してみたらいい（笑）。

おにぎり1個分のエネルギーで人は死ぬ

じゃ、ここでちょいと物理のお勉強を。1000メートルの高さから体重50キログラムの人が落ちてきたら、その衝撃エネルギー、つまり、運動エネルギーはどれくらいか。これから、いくつかの式を書きます。

落下速度：　$v = \sqrt{2gh}$

落下時間：　$t = \sqrt{\dfrac{2h}{g}}$

運動エネルギー：$K = \dfrac{1}{2}mv^2$

ここで分かっているのは質量（m）50キログラム、高さ（h）1000メートル、そして、重力加速度（g）は暗記事項で9・8メートル／秒^{2}ってこと。すると地上に達したときの落下速度（v）は秒速140メートル（時速504km）って計算できる。ちなみに落下時間（t）は約14・3秒。

そして、運動エネルギー（K）は49万ジュール（50×140×140÷2）。1ジュール≒0・239カロリーとすると、約11万7000カロリー（117kcal）になるね。50キログラムの水の温度が2・34℃上がるくらい。おにぎり1個分のカロリー（約170kcal）にもならない。たった、これっぽっちの運動エネルギーでも、着地の瞬間に一気に出ると、人は死んじゃうんだね。それが衝突ショックの恐ろしさ。おにぎりを食べても、そのエネルギーはゆっくり出るのとは違うんだ。

同じように、おにぎり1個分のエネルギーといっても、1000メートルまでジャンプするには、それと同等のエネルギーをジャンプの瞬間に生み出さなければならないことは分かるよね。人気漫画の『鋼の錬金術師』（荒川弘著、スクウェア・エニックス）に「等価交換」ってあるように、跳ぶエネルギーを発生させることと、それと同じエネルギーを吸収することは等価だって思えてくる。

さっきの式から運動エネルギーは質量（m）に比例することが分かる。だから、ノミの体をそのまま相似形《そうじけい》で10倍大きくしても（長さが10倍だと体積は1000倍、質量もおそらく1000倍。つまり、必要なエネルギーも1000倍になるので)、それだけで1000倍高く跳べるような超ジャンプ生物、仮に「スーパー・ホッパー」とでも名づけようか、そんなのができるわけではないことが分かるね。生物的にはサイズの限界がある……おっと、さっき僕はあらゆる制約を外そうって言ったんだった。ごめん、忘れてた。そういった常識の枠組みはもう外して構わないから、さあ次にいこうか。君はどんな能力がほしい?

生命は時間を巻き戻せない

——変身じゃないとダメですか?

この際、何でもいいよ。

——火炎放射したい。

んんん? その心は? 何かを焼き尽くしたいの?

——気に食わないもの。

でも焼き尽くしたはいいけど、あとで考え直したときに困らない? あいつ、気に食わなかったけど、よく考えたらいいやつだったたっていう(笑)。火炎放射のメカニズムは何か考えているかな？

――摩訶不思議《まかふしぎ》。

うん、そうだよな。僕もまったく分からない（笑）。ゴジラは放射能火炎をバアッて吐《は》くじゃない。あれが不思議でしょうがないんだよね。本人は大丈夫なんだろうか（笑）。ゴジラだって焼き尽くしたあとで後悔するかもしれない。後悔するから云々《うんぬん》っていうのは心理的な制約なんだけど、どうやったら取っ払えるだろう？

――思慮深く行動する。

素晴らしい。でも時間を巻き戻すのが一番てっとり早いよね？　適当に都合よく、「あっ、いまのなし」みたいにさ。時間を逆転できるかどうかは、生命を考えるうえでは非常に重要なことなんだ。生き物の例でいうと、どんなのがあるかな。うん、ニワトリやハトの例が面白いかもしれない。

ニワトリやハトって歩くときに首を振るでしょ。前をツンツンする感じで。実はあれは首を前に振るのではなく、後ろに戻しているらしいんだ。いま見た景色を記憶するのに時間がかかるので、歩いて前に移動した分、首を後ろに戻して景色を固定するんだって。その証拠にニワトリをルームランナーで歩かせると首を振らないっていうんだ。ルームランナーならいくら歩いても景色が固定しているからね。

で、歩いて移動するってのは、空間を移動することであるとともに、時間も流れるってことでしょ。なのに、ニワトリやハトの場合は、首っていうか「脳の中の世界」は空間的にも時間的にも1秒くらい前の世界に残っているんだよ。あたかも、首を後ろに戻すことで時間を逆行させているみたいで面白い。でも、厳密には逆行というより、せいぜい時間を固定するっていうくらいかな。

ハトは帰巣《きそう》本能がすごいって言うじゃない。つまり、空間の記憶は結晶格子《こうし》みたいにすごく整然としているんだろうけど、その分、時間の記憶が弱くなっちゃったのかな。

それから、もっと根本的なことを言うと、生命という抽象的な現象については「時間の矢」というものが気になる。つまり、過去から未来へ飛び去るだけの時間の矢。矢が飛ぶ向きは変えられないし、それを逆転することなんてできない。理由は分からないけど、時間は逆転できないんだ。記憶は固定したり、逆転できるけどね。この問題は重要だから、最終日にまた話そう。

さあ、次の君はどう思う？

科学は未来を予知するために発展した

――僕は未来史が知りたいって思います。

未来に何が起きるかということ？

――はい。未来の予知。

予見、未来を見るということだね。たとえば、どんなものを見たいと思う？

――失敗や事故を未然に防げるなら防ぎたいし、難しいことがあったら事前に知って楽をしたいなって思います。

そうか、事故を未然に防いで、死ぬところだった人が死なずに済むってことだよね。でも、その人が生きることによって、その後の歴史がちょっと変わっちゃうんじゃない？ほんの小さな変化かもしれないけど、意外と大きく変わっちゃうかもしれないし。そんな「その時歴史が動いた」みたいなことじゃなく、ただ恥ずかしい失敗を未然に防ぐくらいなら、それはいいなって思う。でも、人間なんてアホだから、そのとき失敗しなくても、別のときに失敗するんじゃない？　それも未来予知して未然に防ぐ？　何かきりがないよね。さっき観た『ターミネーター2』は過去に介入して未来を変えていこうっていう話だった。それと同じようなことになる。

まあ、『ターミネーター2』はさておき、科学は未来を予知するために発展した。雲の動きで天気を予知し、星の動きで季節の変化にともなう災害を予知した。明け方の東の空にシリウスが輝く頃、ナイル川が氾濫するとか。宇宙の始まりを「ビッグバン」と名づけたイギリスのフレッド・ホイルという科学者はSF小説も書いていて、そのひとつ『暗黒星雲』（鈴木敬信訳、法政大学出版局、1958年）の中でロシア人科学者に「科学の世界、予言あるだけ」と言わせているくらいだ。

科学は「時間の矢」を逆転させることはできないけど、実際に放った矢がどこまで飛んでいくかを予測でき、逃げ回る獲物の動きも予測して矢を当てることもできる。そんなこと、科学者じゃなくても経験を積んだらできるようになりますって言うかもしれないね。でも、ロボットに経験させるよりは、プログラミングしたほうがいい。

結局、人間っていうのは自分で自分をプログラミングしているんだよ。それが経験を積むってことの意味。それは、人間の中に優れた「科学する心」があるからできることだ。ロボットにはそれがないし、チンパンジーにもない。もし「科学する心」をもプログラミングできたら、それをロボットに入れたらいいし、そういう遺伝子プログラムを作ってチンパンジーの遺伝子に入れてもいい。そうなったら、ロボットと人間とチンパンジーが三つ巴《どもえ》で「科学する心」のオリンピックができるかもしれないね。

そして、僕たちの「科学する心」の最終ゴールは何だろう？　「生命とは何か」でしょ。どうして宇宙はあるのか、どうして生命はあるのかっていう究極の問いに答えるために科学は存在する。

さて、次は君かな？

生物の基本形は繰り返しで長くなった筒

――えーっと、手足や体のパーツが増やせたらいいなと思います（笑）。

うわっ、それはどうして？

――仕事をしていると、こっちの書類を書きながら、あっちの書類にもサインしないといけないとか、他のこともしなきゃいけないっていうことが多いと思うので。手が増えたら持てる荷物も増えるし、足が増えたら安定もするだろうし。

うーん、たしかに面白い。いやあ、生物進化のある側面を言い当てているな。たとえば、昆虫類は普通6本、あるいはクモのように8本の場合もあるけれども、手足がやたらたくさんあるよね。

基本的にわれわれ脊椎動物《せきついどうぶつ》の手足は4本だ。まあ、鳥の羽も前足と考えれば、鳥も4本足。例外は魚だけだ。千手観音《せんじゅかんのん》みたいにもっと手足が増えたほうが便利ということだけど、どうやったらできるだろう。

――細胞分裂の「早回し」版。切られたイモリの尻尾みたいに、細胞が一気に増殖してバアッと生えてきて、要らなくなったらオタマジャクシの尻尾みたいにバアッとなくなる。

それはとても面白い発想だな。新たに手足が生えるには、体の一部から突起物が出てきて、それこそ猛烈な細胞分裂でニョニョニョッて伸びればそれでいいわけだ。

ただニョロニョロした細胞の塊《かたまり》だけだと機能しないから、常識的な制約を考えると、内側に骨があってそれを筋肉が動かすという、骨格系と筋肉系が構造上必要になる。あとは筋肉の動きを指示する神経系も欠かせない。面倒くさいね。

いま、ここに変な絵を描きました⑯。これは「体節《たいせつ》」というものをイメージしています。体の節《ふし》。ミミズを思い出して。ミミズって、輪っかみたいな節がずっとつながっているでしょ。あれが体節。生き物っていうか、動物にはだいたい体節構造がある。ミミズには足がないけど、もし1個1個の節から足が出たらゴカイになるね。まあ、ゴカイのは足というより突起物みたいなものだから疣足《いぼあし》って言うんだけど。突起物が先端の節にあったら触角《しょっかく》。これがオーソドックスな生き物、っていうか、動物の基本形のひとつ。

この絵みたいに「動物の体っていうのはこんなふうにできています」という形のことを「ボディプラン」って言う。動物の形と構造ってだいたい、こんなもの。いたって単純だ。あとは先端に口があって、後端に出口（肛門）があって、中を管《くだ》が通っている。

⑯ボディプランの基本形（体節構造）

体節を繰り返して管の通った筒が、動物の体の基本形となる。

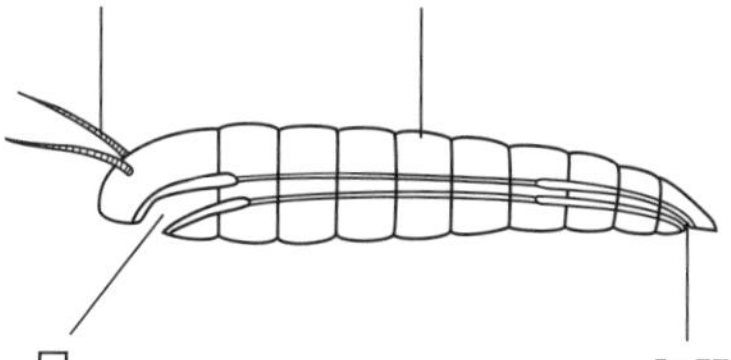

これが大まかなボディプランです。

動物のボディプランはいくつかあって、それは動物の分類、つまりグループ分けに反映されている。具体的には、一番大きなグループは「門《もん》」と言って、全部で30数門ある。研究者によって門の数がばらばらだから、30数個としか言えないんだけどね。われわれ人間は脊索動物門《せきさくどうぶつもん》。脊索は背筋とか背骨のことで、人間は背骨を持つ背骨型のボディプランの生き物のひとつだ。

ミミズは同じ体節を繰り返すボディプランだね。昆虫も体節型のボディプランだけど、ミミズとは違って、それぞれの体節に目立った特徴がある。大まかに頭・胸・腹の3つに分かれ、それぞれがまた体節でできているの。頭部には捕食用に口と複眼《ふくがん》があるね。胸部には運動用の手足と翅《はね》が生えている。そして、腹部は繁殖あるいは生殖用⑰。

実は人間のボディプランにも体節の名残があるんだよ。肋骨《ろっこつ》と背骨の1個1個が体節に対応している。筋肉の付き方も体節にしたがっているんだ。だから体節構造は動物界におけるカタチの原理のひとつだと言える。体節を繰り返して長くなった筒《つつ》が動物の基本形で、そこにバリエーションが生まれることで、動物門（ボディプラン）が分かれてくる。例外は複雑な構造を持たないアメーバやゾウリムシなど単細胞のもの、そして、カイメンやクラゲなど筒の穴が貫通していないものだね。

「千手観音生物」の問題に戻ろう。たまたま今、僕たち人間には腕が1対、つまり2本生えている体節がひとつしかないけど、体節を重複させれば腕は4本になる。足も同じだ。足が2本生えている体節を繰り返せば足を4本にできるわけだ。3つ繰り返せば6本……以下無限に続く。

手足を増やすには別の方法もある。同じひとつの体節から腕がもう1対ニョキッと生えればよい。これはボディプラン的にはあり得る。ボディプランを司《つかさど》るホックス（*Hox*）という遺伝子が働けば、そうなる。体節を重複させて手足を増やすか、1個の体節から手足を何本も出すか、それはホックス遺伝子がどう働くかによるってこと。自分ならどっちがいいと思う？

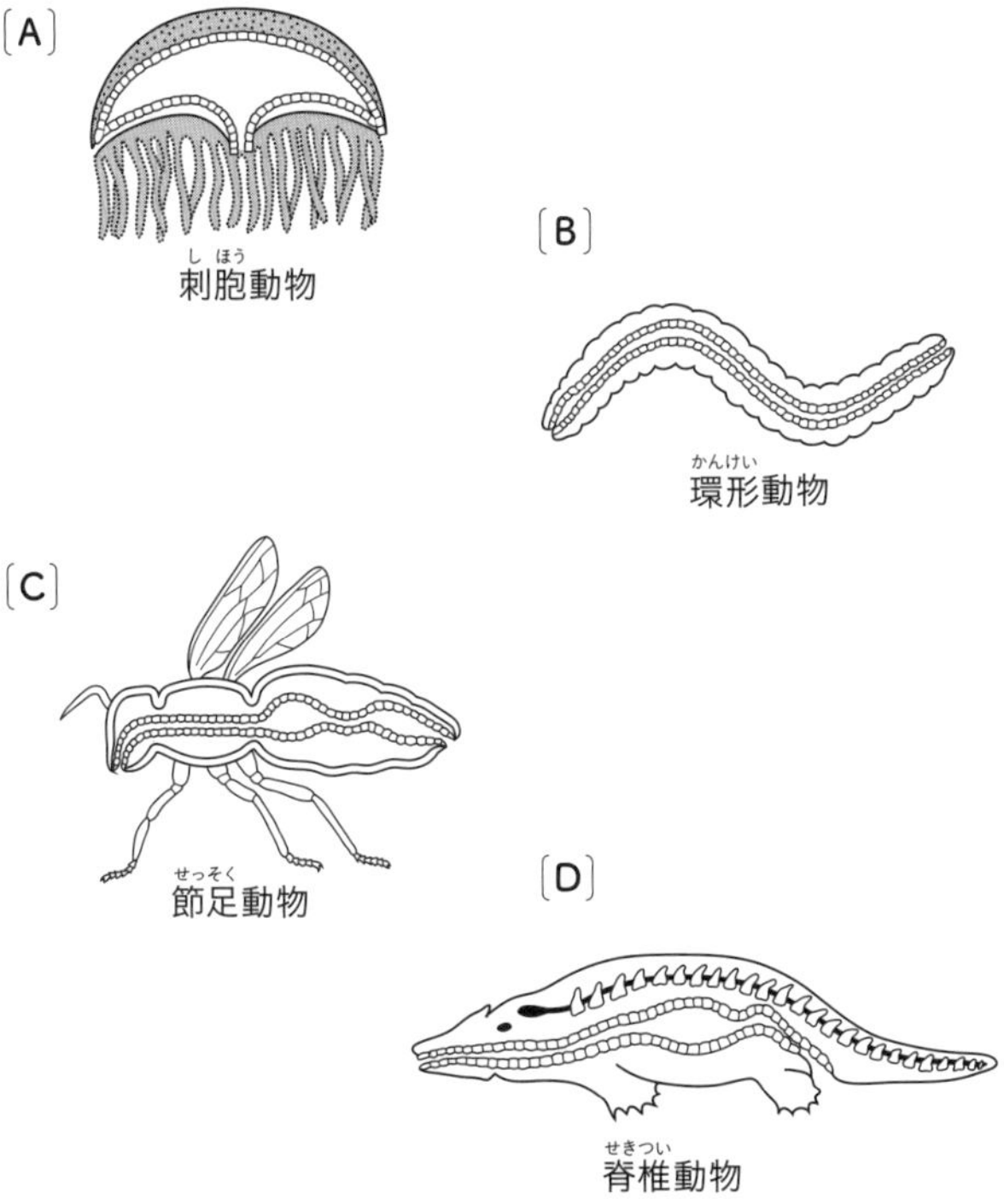

⑰代表的なボディプラン

〔A〕刺胞動物の口は貫通せず、管を持たない。クラゲやイソギンチャクなど。
〔B〕環形動物は多数の体節を繰り返して細長くなる。ミミズやゴカイなど、蠕虫の典型。
〔C〕節足動物も体節を繰り返すが、大まかに頭部、胸部、腹部の3つに分かれる。ハチやバッタなど昆虫類の多くが含まれる。
〔D〕脊椎動物は背骨が体の前後を貫く。背骨の1つひとつ（脊椎骨）は体節の名残。

「天使の羽」はどうなっている？

体節で思い出した。さっき「空を飛びたい」って言っていたよね。鳥の羽《はね》はわれわれ四足動物《しそくどうぶつ》でいうと前足が変形した物でしょ。そうすると、天使の羽ってどうなっているんだろう？　あれはどこから出ていると思う？

――背中から生えている。

普通は背中の肩甲骨《けんこうこつ》あたりからだよね。まあ、僕たちの腕も肩甲骨から出ていると思っていいんだよ。天使の場合、肩甲骨から腹側と背中側にそれぞれ腕と羽が生えている。ひとつの体節から2対のモノが出てくるっていう今の話と変わらないね。

ただ、腕と羽が肩甲骨を共有しているので、この天使は羽を動かしたら手も一緒に動いちゃうんだ。バタバタと羽ばたくときが怖いよね（笑）。設計としては失敗作かも⓲A。

――じゃあ、羽アリってどこに翅《はね》が生えているんですか？

ん？　これはとても難しい。昆虫の翅《はね》は鳥の羽のつくりとは全然違うんだよ。昆虫の翅は前足が変形した物ではなくて、頭・胸・腹とある3つの大きな体節群のうち、胸の部分からニョキッと生えてくる。

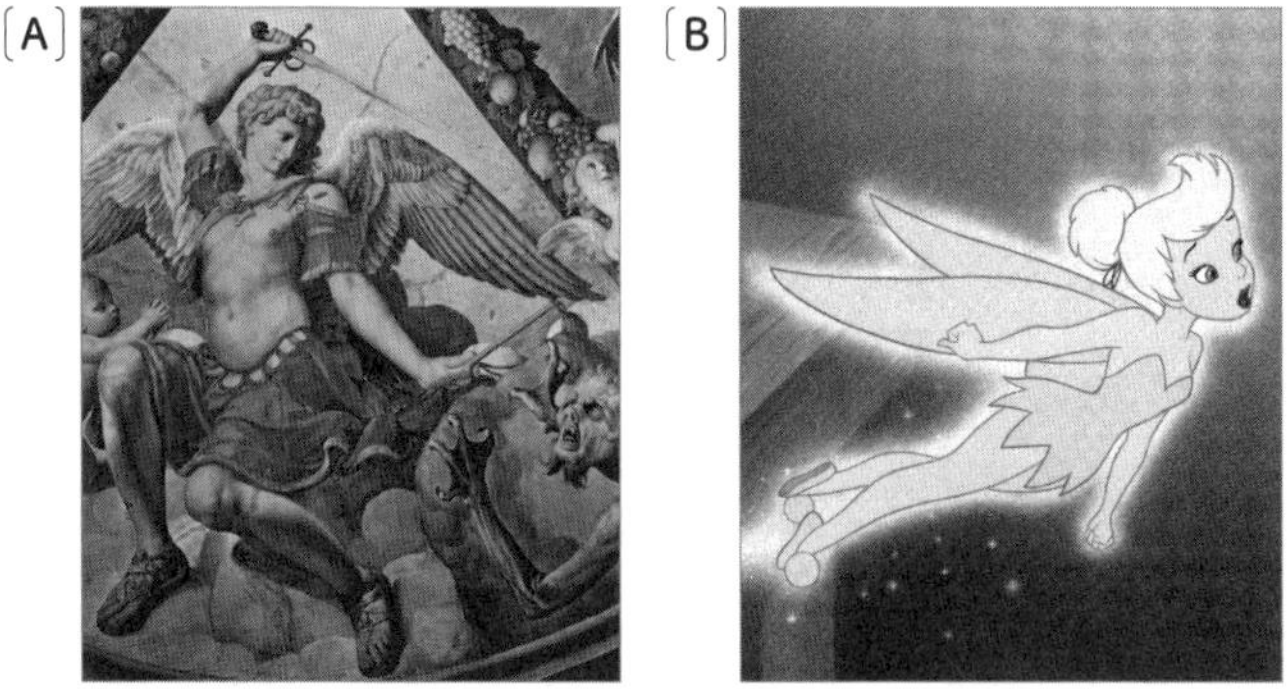

⑱天使の羽と妖精の羽

〔A〕ブロンツィーノ作『大天使ミカエル』。フィレンツェのエレオノーラ礼拝堂。
〔B〕『ピーター・パン』のティンカー・ベル。　〔B〕は『新ディズニー名作コレクション7 ピーター・パン』（講談社、2005年）より

どうして昆虫に翅が生えるようになったか、その謎はまだ解明されていないんだけど、少し分かったことがある。昆虫の足、正確には「付属肢《ふぞくし》」って言うんだけど、その付属肢にさらにいろんな付属物がつくことがあるの。たとえば、カゲロウの幼虫は水の中に棲《す》んでいて、肢《あし》にヒラヒラしたエラが付属している。ヒラヒラしているけど、自分で動かせるの。

そういういろんな「動かせる付属物」のひとつが独立し、背中側に回ってきて薄い膜になったのが翅の起原だって言うんだ。でも、薄い膜になった理由は、っていうと、実はまだ分かっていない。まあ、いずれにせよ、鳥の羽がもともとは手というか前足であったのとはまったく違うんだ。

『ピーター・パン』のティンカー・ベル。妖精《ようせい》の羽も昆虫系だね⓲B。あの羽は背中から勝手に生えたものだ。足とはまったく別物だから、同じひとつの体節に足と同居できる。それに比べ、天使の羽は鳥系。これは腕と羽が出ている体節を別にしないと困ったことになる。もし同じ体節だと手と羽は一緒に動いちゃうから、闘う天使ミカエルは剣を振り回して戦えない（笑）。だから、ミカエルの場合は明らかに体節が重複しているんだよ。

いやあ、手足や羽がいっぱい出てきたね。びっくりしちゃった。では、次の君は？

キリンの首は、ただ、伸びた？

――普通に手が伸びる。

ほほう。

――そうやって『ワンピース』のルフィみたいになりたいです（笑）。あそこにある飲み物だって手が伸びたら簡単にゲットできる。

ちょっと誰か取ってあげて！（笑）……今ふとキリンの首のことを思った。キリンの首はなぜ長いか、という問題。高いところの葉っぱを食べようとして、長い時間をかけて少しずつ首が伸びました、っていう答えがある。でも本当にそうだろうか？
われわれ学者の中にもいろんな考え方がある。ひとつ確かなことは、遠くにあるモノを取ろうと思ったから伸びました、という説は生物学ではないということ。もちろん、今の君の話は生物学の理屈を取っ払ったうえでのことだからまったく問題ない。
ただ生物学においては、伸びたいから伸びました、っていう話は、まず考えられない。キリンは何らかの理由で首が伸びてしまった。伸びた結果、高いところのモノしか食べられなくなった。だから、キリンは高いところのモノを食べます。これが今の生物学の考え方なんだ。

　進化論はみんな教わったよね。「論」ってつくから、まあ、誰かが考えたお話、物語だと思われがちなんだけど、進化論というのはいまや「論」と言わないほうがよくて、「現代生物学」と言うのがいいんだ。現代の生物学者はそう考えている。

　言ってみれば、現代生物学は「本末転倒《ほんまつてんとう》」を念頭に置いた思考法だね。つまり、因果《いんが》関係の捉え方が普通とは異なる。巷《ちまた》に流れている目的論だと、高いところのモノを食べたいという欲求が「原因」で、その欲求の「結果」として首が長くなったと解釈する。しかし、現代生物学ではそれを逆転させて考えるんだ。ただ首が長くなっちゃったから、高いところのモノを食べていますけど何か？というだけの話。

カメだってそうだ。あんな大きくて重たい甲羅《こうら》を背負っていたら、そりゃ速くは走れないわな。つまり、敵が襲ってきたら走って逃げるより甲羅に隠れるしかない。どういう理由で甲羅を背負うことになったか分からないけど、そうなってしまった以上、それに見合った生き方をするしかない。そう考えるのが結果論、そして現代生物学だ。

謎の深海生物チューブワームはどうだろう。消化器官が貧弱で移動能力もないから、普通の環境では生存競争に負ける。だから、他の生物にとっては地獄みたいな海底火山に生息する個体が生き延びた。最初のうちは口からモノを食べていただろうね。今でこそ口はないけど、口の痕跡はあるんだ。それで、たまたまイオウ酸化バクテリアを飲み込んだ個体がより良く「適応」した勝ち組として残ったんじゃないかな。

さらに言えば、チューブワームは、もはや不要になった消化器官を作らない個体のほうが、（消化器官を作らずに済んで）浮いた代謝エネルギーを「より多くの子孫を残す」ことに回せるのでますます勝者になる。こんなふうに、結果論なら考えやすいんじゃないかな。それなのに、わざわざ目的論で「海底火山に棲むために消化器官を失い、イオウ酸化バクテリアを体内共生させた」と考えたら無理が生じると思う。

結果論と目的論、どっちが正しいだろうか？　実際は、結果論も目的論も両方あり得るんだよ。ただ現代生物学においては、目的が最初にあるという考え方は完全に否定されている。だから大学受験で進化論の問題が出たときには、まあ、結果論で答えておきましょう（笑）。でもこれからの３日間では、もっと自由に、柔軟に考えよう。

　さあ、次は君の番かな。

進化は数式で表わせない？

――作りたいものをすぐ考えられる脳と、それをすぐ作れる素早さがほしいです。

　ほほーう。具体的にはどういうことだろう？

――ドラえもんに「ハツメイカー」（ほしい道具を言うとその道具の設計図が出てきて、作るのに必要な道具が「材料箱」に入っている。つまりほしい道具をすべて作れる）っていう道具があるんです。ドラミちゃんが「これがあればほしい道具を作れるわよ」って持ってくるんですけど。

　ほしいものを作るための道具、というわけだな。

――空を飛びたいとか、速く走りたいとか、状況に応じて道具を生み出すことで、自分をどんどん変えていける。それこそ便利じゃないですか。

　自分が空を飛びたいと念じたら……

――「ハツメイカー」ですぐにその道具を作れる。空を飛びたいとき、のび太は足を素早く動かす機械を作っていましたけど（笑）。

ははは、それは便利じゃないよ（笑）。でも待てよ、今の話は面白いな。僕はいつも、自分の考えている理論をすぐに数式にできたらいいなと思っているんだ。科学は徹底して数学の上に成り立っていて、およそ数式にできない考え方というのはサイエンスじゃないと言われているからね。

われわれ生物学者の悩みは、進化や発生をはじめとして、数式で表わせない現象が多いということ。だから進化を数式にしたいと思ったら、すぐに数式がバーンって出てくる。そんな道具を作れたら、こんなにうれしいことはないな。

進化は、現代生物学によると2つのプロセスからなっている。ひとつは遺伝子の突然変異、もうひとつは自然淘汰《しぜんとうた》または自然選択と言って、「より多くの子孫を残した個体が勝ち」ってこと。でも、環境条件が変わったら別の個体が勝ち組になるかもしれない。そういうことは集団遺伝学っていう分野の守備範囲で、そこはもう確率・統計といった数学の世界。突然変異のほうもDNAつまり遺伝子に書かれた4種類の文字の文字列を扱うコンピュータ・プログラミング、つまり、デジタルな数学的世界。だから、進化は数式にできるんだけど、よく分からないのが、DNAと個体のあいだにある細胞のことなんだ。

たとえば、受精卵が細胞分裂してひとつの個体になる「発生」というプロセスがある。各細胞はどうやって自分が脳の一部になるのか、足の一部になるのかを認識するんだろう。言い方を変えると、どの細胞も同じＤＮＡを持っているのに、遺伝子の働き方が違うのはどういうわけなんだろう。そもそも単細胞生物から多細胞生物への進化はどうして起きたのか。

こういう過程って、数式に入れる変数を抽出できていないし、変数と変数の関係性にも分からないことが多すぎて、数式にできないんだよ。まあ、仮にそういうことが分かったら、今度は大量かつ複雑な数式を解いてくれるスーパーコンピュータ（スパコン）が必要になるんだろうな。

人工知能（ＡＩ：Artificial Intelligence）の世界でも、脳をシミュレートする実験がどんどん進んでいる。でも、脳の働きを数式で表わして、ついには脳を模倣することもいつかできるだろうけど、脳を超えたものを作りたいと思ったときに、どういう数式を立てたらいいのかが分からないんだよ。スパコンをずらっと並べてネットワーク化し、人間より大きくて速い脳を作ったら、それが新しい「脳の数式」を考えてくれるかもしれない。

そもそも、人間の脳以上の「超脳」を人間の脳が思考できるのかっていう哲学的な問題がある。脳が脳を超えられるのか、という問題もまた「自己言及」だね。今の話を聞いて、僕の脳はそんなことを思い出した。

2つの関係は解けても、3つの関係は解けない

ここで、僕たちがこの世界、この宇宙をいかに楽観的に見ているかってことを言っておこう。「3体問題」という問題だ。物体のあいだに働く力は、世の中に引力《いんりょく》と斥力《せきりょく》の2つしかない。引きつけるか、遠ざけるか。引力と斥力のことを相互作用と言うんだけど、3つの物体の相互作用は基本的には解けない、つまり予測できないのです。

2体問題、つまり2つの物体の相互作用だったら、ニュートン力学で解けるんだ。今から300年ほど前にニュートンが解明したのは、天体の運行にかかわる力の関係だったよね。太陽と地球とか、地球と月とか、そういった天体の運行をすべて2つの物体のあいだの力関係として考えた。つまり2体問題化しちゃったんだよ。太陽系には太陽みたいに大きな星はひとつしかないから、太陽と個々の惑星のあいだの関係なら、たしかに2体問題で解けてしまう。

太陽系の全質量の99％は太陽に集中している。あとは全部無視していいくらいの偏《かたよ》り

だ。そうすると、99％の巨大な太陽と、地球を含む他の軽い物との2体問題で考えられる。それでニュートンは3体問題の難しさを2体問題に矮小化《わいしょうか》して「神様が宇宙に表わされた真理を私は解いた」とか言っちゃったわけ。あれから人間はずっと間違っているんだ。だからニュートンの罪は重い（笑）。

ニュートンは微分《びぶん》・積分《せきぶん》を作った人だ。さっき、1000メートルの高さから落ちるときの速度の話をした。最初に速度（v）の式を書いたけど、t秒後の速度はこう計算するよね。

$$v = \sqrt{2gh}$$

$$v = gt$$

地球の重力加速度（g）を9・8メートル／秒^{2}とすると、初速ゼロの物体は1秒後には9・8メートル／秒の速度になって、次の1秒後には19・6メートル／秒になり（9.8×2＝19.6）、そのあいだ（2秒間）に落下した距離は29・4メートルと計算できる（9.8＋19.6＝29.4）。しかし、落下するあいだの時間の分解能（分割の幅）を0・1秒にすると、どうなるかな？　1秒後や2秒後の速度は変わらないんだけど、0・1秒ごとの落下距離を積算してみよう。

0〜0・1秒：落下距離0・098m……積算距離0・098m
0・1〜0・2秒：落下距離0・196m……積算距離0・294m
〔中略〕
1・9〜2・0秒：落下距離1・96m……積算距離20・58m——〔A〕

じゃあ、時間の分解能を0・01秒にしたら、どうなるかな？

0〜0・01秒：落下距離0・00098m……積算距離0・00098m
〔中略〕
1・99〜2・00秒：落下距離0・196m……積算距離19・698m——〔B〕

こういうふうに時間の分解能を上げる、つまり、細かく分解していくと、2秒間の積算落下距離が変わるでしょ（AとB）。

さらに、時間を無限に細かく分解したらどうなるか、というのが微分だよね。それを

足し算するのが積分で、前々ページで示した2つの式を変形して、

$$t=\sqrt{\frac{2h}{g}}\quad つまり\quad h=\frac{1}{2}gt^2$$

で計算すると2秒間（$t=2$）の落下距離（h）は19・6メートルになる。時間を無限に分解すると、2秒後の落下距離はこの値に「収束」するってこと。ところが、3体問題だと解が収束しなくなる。

いま仮に地球が3つあるとして、それぞれX、Y、Zと呼ぼうか。位置、質量、運動の方向と速度が分かっていて、XとYだけに絞れば1秒後の両者の位置は方程式で正確に計算できるはずだよね。僕はできないけど、天文学者ならできる。

しかし、ここにZが登場すると、その引力の影響でXとYの位置がちょっとずれる。ずれた位置から1秒後の三者の位置を再計算できるけど、その1秒のあいだにZも動くし、Zの動きもまたXとYの引力の影響を受ける。こんな状態で1秒を細かく分割して計算したら、天文学者でも解は収束しなくなる。

方程式で解が出ないときは「数値計算」だ。逃げ道というか、荒業《あらわざ》、力業《ちからわざ》だね。X－Y間、X－Z間、Y－Z間の3つの方程式を適当に組み合わせて、初期値（位置、質量、

運動の方向と速度）を入れ、1秒をものすごく細かく分割して、とりあえず1秒後の三者の位置を計算する。もし実際と違っていたら、方程式の組み合わせや方程式そのものを修正する。もし合っていたら、条件（初期値）を変えてまた計算し実際と比べる。これはまさに試行錯誤、トライアル・アンド・エラーだよね。天文学だと過去の記録が豊富にあるから、何度でもこういう試行錯誤ができるんだ。

3体問題は天文学だけの問題じゃない。この世のほとんどの問題は3体問題、いや、もっと凄《すさ》まじい多体問題だろうってことは想像できるよね。そして、それを数値計算で解くためにはものすごい性能を持ったスパコンも必要だってことも分かるでしょ。さっき君が言ってくれたように、こういう問題を解くための数式やスパコンをスパッと作ってくれる道具があったらいいのにね。

宇宙全体で見れば、太陽系のように真ん中に大きな星が1個ドカンってあるのは、必ずしもメジャーじゃない。系の中心星が他の系の中心星とユニットを組んで連星《れんせい》になっているケースも多いんだ。たとえば、ＮＡＳＡのスピッツァー宇宙望遠鏡が今年（２０１０年）に発見したRS Canum Venaticorums（RS CVns）がある。これは、２つの中心星の距離がその半径の数倍くらいにまで接近した「近接連星系」だ。

こういう近接連星系では惑星の軌道が不安定で、惑星同士の衝突がしょっちゅう起こっているらしい。そして、これらの惑星はまさに３体問題に直面していると言える。こんな連星のある太陽系に僕たちが生まれていたら、今頃３体問題は当然の話になっていて、ものすごく頭のいい知的生命体になっていたかもしれないね。まあ、２体問題で解けてしまう太陽系に生まれた不幸です（笑）。

切られた足から全体が復活するヒトデ

——怪我をしても一瞬で治せるような体を作りたい。

——あー、先に言われた。

おー、すごいね。治す、というのは元に戻す感じかな？

——はい。

ほう。現代用語で言うと、再生医療っていうやつだ。元に戻るという現象は不思議だよね。だって、怪我には損傷だけでなく、欠損、つまりなくなっちゃうこともあるから。腕を失っても細胞の塊がニョキッと出てきて、ちゃんと元のサイズで成長が止まる。ぴたっと。いやあ、不思議な現象だ。

それでふと思い出した例がある。リンキア（*Linckia*）といって、カリフォルニアや沖縄の海などに棲んでいる特殊なヒトデ。普通のヒトデの場合、腕を1本切り落としても、また新たに腕が生えてくる。もちろん切り離された腕のかけらは普通なら死んじゃう。ヒトデの体のどこかに大事なポイントがあって、腕をちょん切ってもこのポイントを含んでいれば腕が再生する。このポイントを含んでいないほうの断片からは再生が起きない、死んじゃうんだ。そんな仕組み。まあ、ここまではフツウの話。

ところが、驚くべきことに、このリンキアというヒトデは、切り離された腕の断片からも全体が復活するんだ⑲。

――えーっ!(一同)

――プラナリアに似ている。切っても切っても増える、みたいな。

そう、そう。プラナリアも切っても切っても再生するんだよね。これ、都市伝説かもしれないけど、ある研究者がプラナリアを100個以上の断片にまで切り刻んだら、その全部が再生したらしいよ。プラナリアってちょっと変わっていて、メインの消化管(腸)とともにサブの消化管があって、それが全身に行きわたっているの。

リンキアの腕もそうで、5本の腕のそれぞれに消化管がある。まあ、ヒトデ類はみんなそうだから、リンキアに限ったことじゃないけど。いずれにしろ、リンキアを漁師さんが「この野郎!」って引きちぎって海に捨ててもどんどん増えていく(笑)。恐ろし

⑲リンキア
点線のところで切断する。すると、本体の切断面から腕が再生するだけでなく（右）、切り離された腕の一部から全体が再生する（左）。つまり1匹が2匹になる。

いね。
　リンキアの腕をちょん切ると、切られた体本体の切断面からは腕が復活して、切り離された腕の断面からは体全体が復活するわけね。次に、腕の中ほどで切ってみると今度は逆に、もともとの体側からは体が再生し、切り離された先端側からは腕が再生する。こいつらは方向（中心と端との位置情報）を覚えているのかな。
　じゃあ、断片を薄くするとどうなると思う？　どこまでも細く輪切りにしても、腕と体が再生する方向を覚えているんだろうか。そうやっていじめてみた。すると実際はある厚さというか薄さから混乱するの（笑）。切り口の両方が腕になってみたり、両方から体が出てきたりする。それっていったい何なんだろうね。

リンキアはちょっと特殊な例で、普通は動物より植物のほうが再生力が強いね。接《つ》ぎ木や挿《さ》し木でどんどん増えるし、培養した細胞から植物体が完全再生するのはもう当たり前のこと。植物の体は「基本単位の繰り返し」だと言われるほどつくりが単純だから、再生もしやすいのかもね。それに比べれば動物の体はつくりが複雑だから再生しにくいのかもしれない。

受精卵が胚発生《はいはっせい》して成体（個体）になるまでに、心臓になるべき細胞は心臓に、肝臓になるべき細胞は肝臓になるんだけど、その過程で他の臓器になり得る柔軟性を封印してしまうんだ。これを「分化《ぶんか》」って言う。その封印を解くのが「脱分化《だつぶんか》」。いま再生医療の切り札と言われているのは、非常に多くの細胞に分化できる分化万能性がある「iPS細胞」（人工多能性幹細胞《じんこうたのうせいかんさいぼう》）だ。何にでも分化できるという能力は、逆説的だけど脱分化の賜物《たまもの》なんだよ。リンキアは分化の封印が解けやすい種類なんだろうな。

さあ、君で最後かな？

生命は勝手に元に戻る「福笑い」

――病気になったら悪いところを自分で治したい。この前テレビで、「細胞シート」というのを見ました。そのシートを何枚も重ねることで人工臓器を作ろうとしているそうです。それなら自分の細胞で臓器や他の病気を治すことができますよね？

これにはいろんな切り口があるな。さっきの『ターミネーター2』を思い出そう。自分の体がバラバラになっても、液滴になってバアッと元に集まってくる。「集まる」というのは生物学においてとても重要な概念だ。2つ紹介しよう。

ひとつは「自己集合」(self-assembly) と言う。放っておいても勝手に集まる現象のこと。たとえば水の中に油を入れると、水中に分散しないで油は油で集まって油滴を形成するよね。あるいはコロイド。小さな塊に凝集《ぎょうしゅう》したものが分散しているのがコロイドだ。牛乳もコロイド溶液だね。水に溶けない成分がほどよく凝集し、ほどよく分散している状態。こういう、油は油で集まって油滴を作るとか、小さく凝集するとか、そういうのが「自己集合」だ。

自己集合の原動力は、たとえば、混じりにくいという性質、専門的には「疎水性《そすいせい》」という性質だ。水に混じりにくい分子は、個々にバラバラにいると自分の周りが水浸《みずびた》しでしょ？　でも、集合すると塊の外側だけが水に接して、内側は水に接しないから、塊になったほうが水浸しにならない分子が増えて安定するの。でも、あまり大きな塊だとちよっとした衝撃で分裂しちゃうから、塊の大きさには限界がある。

疎水性の他にも自己集合させる原動力がある。それは重力。太陽のような恒星は水素ガスが重力で自己集合したものだし、地球のような惑星もケイ素や鉄を含む小さな塵《ちり》が自己集合したものだ。でも、電気や磁気には引力と斥力があるけど、重力には引力しかないから、あまり複雑な構造は作れないね。

集まる現象にはもうひとつ、「自己組織化」（self-organization）というものがある。これはパーツの集まり方に規則があって、ある一定の形をいつもちゃんと作る、という現象。「福笑い」ってやったことある？　バラバラになった目や鼻や口を目隠しして元に戻すゲームだよね。ただパーツを集めるんだったら、顔の輪郭の内側になんとなくグチャッと集めればいい。これはまだ「自己集合」のレベル。

そうじゃなくて、バラバラにバラけても、目は目の位置に、鼻は鼻の位置に集まって勝手に元通りの顔になるのが「自己組織化」だ。ある種の物質、ある種の条件ではこれが起きる。「自己組織化」は生命の特徴だ。つまり、そういう物質や条件を追究することが「生命の組織化」、人工生命の誕生につながると思う。

僕は鳥が空を飛ぶことをとても不思議だと思っている。鳥はもともと卵だよね。卵からヒナがかえって、そいつが餌《えさ》をついばんで、どんどん大きくなる。僕にはこれが炭素や窒素《ちっそ》やリンが集まってくる過程として見える。原子や分子があるルールの下《もと》に集まって物体を形成し、それにいつしか羽が生えて、羽ばたいて重力に抵抗して空へ飛んでいく。そんなことが自発的に起きることが信じられない。そのルールというのが自己組織化だ。

分化していないからこそ、分化できる

生命の不思議さのひとつは、自己組織化にある。いま君が言ったことはこの問題に直結しているんだ。つまり、細胞シートというのは、自己組織化を人工的に促進したものだってこと。

われわれは「細胞培養」という技術で細胞を増やすことができる。植物でも動物でもヒトでも。細胞の大きさは0・1から0・01ミリメートルくらい。ちょうどインクジェットプリンタのインク粒子と同じくらいだから、細胞をインクジェットプリンタで好きな形にプリントする「細胞印刷」が可能になった。それを積み重ねてだんだん高くしていけば、3次元で好きな形にすることができる。心臓や肝臓や手足、身体のパーツの形に。細胞シートもそういう発想なんだ。

でも、単に細胞を積み重ねただけじゃ、心臓の形はしていても実態はただの培養細胞の塊だよね。その細胞たちに「心臓になるためのマニュアル」を教えてあげなきゃいけない。もちろん、それは個々の細胞のDNAに書いてあることだから、それを刺激してあげればいい。植物だったら、適当な植物ホルモンを与えれば「カルス」という脱分化した細胞の塊が再び分化して根っこや葉っぱになる。そういえば、花を咲かせる植物ホルモンって長いあいだの謎だったんだけど、2005年と2007年に日本の研究グループ（京都大学の荒木崇教授らのグループと奈良先端科学技術大学院大学の島本功教授らのグループ）がその新たな遺伝子を発見したなぁ。花咲爺《はなさかじい》さんならぬ花咲ホルモン。

動物の培養細胞も、最近になって、心臓や肝臓、神経などに人工的に特化させること、いわゆる「細胞分化」ができるようになった。さっきも言った「iPS細胞」がそれだ。iPS細胞は「カルス」と同じように脱分化した細胞だ。つまり、脱分化しているからこそ、適当な刺激を与えれば、どんな細胞にも分化させることができる。実はiPS細胞の作成も日本人が最初に成功したんだ（京都大学の山中伸弥教授らのグループ）。今では再生医療への応用をめぐって世界中で熾烈《しれつ》な競争が繰り広げられている。

iPS細胞が分化するっていうのは、自分のDNAに書いてあるマニュアルを読み出すということだ。問題はそのマニュアルを読むのにもルールがあること。心臓になるべき細胞が正しく〝心臓の作り方マニュアル〟を読むようなルール。うまく読めなければ心臓はできない。

面白いのは、たとえば心臓になるべき細胞と肝臓になるべき細胞をバラバラに混ぜておくと、勝手に集まっちゃうんだよ。心臓組と肝臓組に。つまり、「福笑い」のパーツが勝手に正しく集まっちゃうの。それはまだシャーレの中の出来事なんだけど、もし、人間サイズの細胞の塊で同じ実験をしてみたらどうなるだろう。それで、心臓組の細胞がいかにも心臓の位置に移動し、肝臓組の細胞が肝臓の位置に移動していったら、それこそ完全な「自動福笑い」、自己組織化だ。

「生物」が動き回るルールが「生命」

さて、みなさん、最初から生命の常識をぶち壊すような話をしてくれたので、僕はたいへんうれしい。これだけ常識を壊されると、もうこれ以上壊しようがない気もするけど、今日の後半はいくつか常識的な話をしよう。生物はみんな教わったのかな？

――はい。授業でやっています。

生物学はだいたい知っていると思っていいのね。それじゃあ、屁理屈《へりくつ》からやりますね。

生物学って英語で何て言うの？

——バイオロジー。

正解。バイオロジーの語源も教わっているかな？　簡単に言うと、ビオス（βίος）とロゴス（λόγος）という2つのギリシア語に由来する。ビオスは「生命」、ロゴスは「学」と訳せる。じゃあ、バイオロジーは普通に訳したら「生命学」だ。どうして「生物学」と訳すのか、僕には分からない。

そうは言っても、これまで生命の話をしてきたのか、それとも生物の話をしてきたのか、どっちだろう。生命と生物が切っても切り離せないのはもちろんだけど、名前が違うんだから内容も絶対に違うものだよね。

生物は「物（ブツ／もの）」のほうに、生命は「命（いのち）」という、よく分からないもののほうに重きを置いている。だから取りあえず、よく分かっている「物」のほうをやりましょうと。地球上にはもう１００万から２００万種類の生「物」がいるわけだよね。この「物」の仕組みを一つひとつ究明するのが生物学だ。

われわれの細胞も突き詰めれば「物」。細胞の中にあるミトコンドリアも「物」。細胞の中にある遺伝子・ＤＮＡも完全に「物」、つまり化学物質だ。まずは、これら「物」の学問としての生物学がある。

でも、「物」が勝手に、あるいは何らかのルールの下《もと》に集まってひとつの形を成したり、動き回ったりする。植物が太陽の光を求めて、動物が獲物を探して、様々に動く。これは「命」の領分《りょうぶん》だ。

「物」が動き回る理屈、論理、あるいはルール。その辺りにどうも生命の秘密がありそうだ。タンパク質やDNAを集めて、脂肪でできた膜の中に入れると、見た目は細胞に似ている。でも、それだけじゃ動かないんだ。どうしてだろう？

ところが最近の論文によると、実際には動いてしまったケースがある。これは人工生命の卵みたいなものなんだけど、詳しい話はまた明日にしよう。普通は細胞を人工的に作っても動かない。その理由が「命」にかかわる問題だと思っている。形のない、何かよく分からないもの。以上は僕の屁理屈。

生物つくって生命入れず

生命と生物はどう違うか、あるいはどう同じかを説明できる人はいる？　うーん。考え込んでしまうね。

——生物が自動車だとしたら、生命はそのエンジン、あるいは燃料。

エンジンだと何かモノっぽくない？　あるいは、動力源ということかな？　いずれにせよ、自動車がひとりでに動いたら、それは命を持っている感じがするけど。

——ええ。

自動車を動かしているのは人間だから、自動車が「物」で、ドライバーが「命」の部分という考え方もできなくはない。これも面白い比喩《ひゆ》だな。でも他にもいろんな意見を訊《き》いてみたい。

——……。

生物について日本でもっとも権威のある辞典は、『岩波 生物学辞典』（初版は山田常雄ほか編、岩波書店、1960年）だ（その後継とも言えるようなものは東京化学同人が出した『生物学辞典』〔2010年〕）。岩波版の最終版は第4版（八杉龍一ほか編、1996年）。「生命」と「生物」の説明は初版からずっと書いてある。これがすごい説明なんだ。生命とは「生物の本質的属性として抽象されるもの」と書いてある。「属性」は特徴と言い換えていいけど、よく分からない。そこで「生物」の項を開くと、生物とは「生命現象を営むもの」とある（第4版）。分からん。というか、ひどい（笑）。

その第4版（1996年）になると開き直っていて、「これはいわゆるトートロジーである」とある。トートロジーを訳すと「同義反復」。同じことを繰り返しただけ。昨日の講義でも話したけど、いい例は「白馬は白い馬である」だ。「白馬って何ですか」→「白い馬です」。「白い馬って何ですか」→「白馬です」。これと同じ。生命と生物はそれぞれ独自には定義できないにしても、相互に定義されても困ってしまう。

これに対して僕が思いついたのは、「仏《ほとけ》つくって魂《たましい》入れず」。仏師が彫刻刀で木から仏像を削りだす。あるいは石で仏像を作る。しかしせっかく仏像を作っても魂のない仏像はただのモノ。魂が入ると生気あふれる仏像になる、という話。生命と生物の関係は、これに似ている感じがしてしょうがない。「『生物』つくって『生命』入れず」だ。

ではその魂の正体はというと、とたんに分からなくなる。今回僕たちが目指しているのは、この魂、命の部分を徹底的に考えることだ。種を明かすと、生物の「物」の制約をいったん取っ払って生命を考えよう、ということで今日の最初のお題になったわけなんだ。

生物の3大特徴

いま「生物の本質的属性」という記載に触れたので、ついでに話そう。歴代の『岩波生物学辞典』によると、その基本的な属性は3つあるとまとめることができる。とりあえず、生物独自の特徴を挙げてくれるかな？

――自己増殖。

――自己複製。

――代謝？

今は自己増殖と自己複製はひとつにまとめておこう。２つ目は代謝。あとひとつは？３つ目が一番簡単だよ。

――構造？

ほとんど正解。われわれ人間もそうなんだけど、生物の最小単位、最小構造は細胞だ。細胞の積み重ねで薔薇《ばら》も人間もできている。細胞っていうのは要するに膜で周りを囲まれて、外と内が区別されている存在。これが生物の３つ目の基本要素だ。

さっきあえて自己複製と自己増殖をワンセットにしたけど、これは必ずしもイコールではない。アメーバの細胞が大きくなって分裂したら、それは増殖であると同時に複製だと思えるよね。どっちがオリジナルで、どっちがコピーか分からないけど。でも、人間が赤ちゃんを産むのは、増殖ではあるけどコピー（複製）とは思えない。ただ、ある意味でコピーされている部分がある。それは遺伝子、ＤＮＡだよね。

ここでちょっと言葉の整理をしておこうか。「ゲノム」（genome）っていう言葉があるよね。これは「遺伝子（gene）の集合（-ome）」って意味。生物の持つ遺伝子というか、遺伝子じゃない部分も含めた「遺伝情報の全体」であると理解しておいてください。そして、その物質的な実体はＤＮＡという分子なんだよね。ただの分子ではない。遺伝情報が書き込まれている「情報分子」だ。

ミスコピーによって進化は起こる——増殖

さて、生物の３大特徴を順に考えていこうか。まずは、自己複製・増殖。ＤＮＡからＤＮＡはコピーできるけど、タンパク質からタンパク質はコピーできない。もし、それができるなら、われわれとまったく異なるタイプの生命が存在するかもしれないけど、とりあえず、これまでは発見されていない。でも、ＤＮＡにはタンパク質を作るための情報が書いてある。つまり、ＤＮＡからＤＮＡをコピーすれば、タンパク質の情報がコピーできたことになる。だから、遺伝子こそが生物の本体だと思う情報主義者たちはＤＮＡの複製に価値を置く。すると、自己複製の「自己」っていうのはＤＮＡ、あるいは遺伝子ってことになるよね。

そう唱える人たちは生物の体のことを「遺伝子の乗り物」って言うんだよ。遺伝子が本体で、僕たちの体はその遺伝子が複製されながら代々乗り換えていく乗り物であると。コピーされる遺伝子はもちろん同じままでないと「自己」複製にならないんだけど、実際には突然変異が起きてしまうから、必ずしもまったく同じでなくてもいい。遺伝子がほとんど同じまま複製されるところに価値があるという主張だ。

「ほとんど同じ」というのは面白くて、そもそも進化という事象には明らかに突然変異が絡《から》んでいる。どこかに遺伝子のコピーミスやエラーがなければ進化は起こり得ない。100%のコピーばかりじゃ進化しないんだ。自分とはちょっと違ったコピーの中に、たまたま結果論的に「より多くの子孫」を残せるコピーがいたっていうのが進化なんだ。

——でも、人間からウサギが生まれてきたら困りませんか？

ウサギ？

——ええ、自分とはまったく違う生物が自分から生まれたら、びっくりしませんか？

最初からまったく違うものが生まれてくると思っていれば、それほどびっくりしないと思うけど……。

——イワシからマグロが生まれるみたいなのがありませんでしたっけ？

うん。倫理的な問題はさておき、人間が介入すれば豚から牛が生まれてきたり、豚の子宮を借りて人間を産めば出産の苦痛はなくなると言った社会学者もいたり、いろんなことがあり得るよね。でも、今のところ、人間から人間は生まれるけど、ウサギは生まれない。それはなぜか。ここでは、「生まれる」とは有性生殖で生まれることとして考えてみよう。

有性生殖ということは、たとえば人間のように性が2つなら、自分と相方のあいだに生まれた個体の遺伝子の½は自分由来、もう½は相方由来ってこと。もし、性が3つなら親から受け継ぐ遺伝子は⅓ずつかもしれない。いや、3つの性から2体の組合せ（3通り）でやはり½ずつかもしれない。

いずれにせよ、有性生殖とは自分と相方が遺伝子を出し合って子孫を作り、どちらの遺伝子も残るというシステムでしょ。それなら、相方が自分と同じ種でもいいし違う種でも構わないね。子孫さえ残せれば。

そういえば、僕が子供の頃、父親がヒョウ（leopard）で母親がライオン（lion）のレオポン（leopon）とか、父親がライオンで母親がトラ（tiger）から生まれたライガー（liger）とか、あるいはその逆のタイゴン（tigon）など、人工的な異種交配で生まれた珍獣が見世物《みせもの》にされていた。でも、レオポンは一代限りだったし、ライガーやタイゴンは子が生まれた例もあったようだけど、孫は生まれたことがない。「雑種不稔《ざっしゅふねん》」と言って、異種交配の子は生まれにくいし、孫はまず生まれないから、子孫を残せないんだ。

たしかに、人間とウサギでは血液型も違うし代謝も違うから、カタチだけ継ぎはぎしても、目に見えない本質的なところで不和合なんだろうな。でも、たとえば薬物で免疫による拒絶反応を抑えたり、遺伝子組み換えで体質を変えたりしてしまえば、そういう不和合を克服できるかもしれない。そうしたら、人間とウサギのパーツが混在したキメラ生物や、人間とウサギが混血したハイブリッドが生まれるかもね。

正体の見えないエネルギーをつかまえるには――代謝

生物の2つ目の基本要素は代謝だ。僕は代謝をとりわけ重要だと思っているんだけど、具体的に説明できる人はいる？

――物質を出入りさせてエネルギーを得る。

いいねぇ。それで充分だ。物質を出入りさせるということは、物質を変換するということだよね。どういうふうに変換する？

――呼吸だったら、酸素（O^2）が二酸化炭素（CO_2）と水（H_2O）になる。

呼吸だけでなく、普通はご飯を食べるからその場合は……

――タンパク質を分解して……何て言えばいいのかな？

僕たちはふつう栄養物を食べて、酸素（O_2）を吸う。それが体内の化学反応によって二酸化炭素（CO_2）と水（H_2O）に変換されて出てくる。正確に言うとこんな感じかな。

これを分解と言ってもいいし、酸化と言ってもいい。燃焼、呼吸、何でも構わない。要は炭水化物（ここではCH_2Oと略記）やタンパク質といった栄養物が酸化・分解されて二酸化炭素という分子になりました、という話。余った水素は酸素にくっつけて水にしちゃう。

この過程にはいろいろあるんだけど、個々を論じるより、分解によって発生するエネルギーを考えるほうが重要なんだ。

代謝には2種類ある。ひとつは僕たちの体を作る代謝（物質代謝）。食べた栄養物の一部は僕たちの体になる。みなさんだったら血や骨や肉になる。僕が食べると脂肪がついてメタボになる（笑）。実際、メタボっていうのはメタボリック・シンドロームの略語で、代謝を意味する「メタボリズム」に由来する。

もうひとつは、エネルギーを生み出す代謝（エネルギー代謝）。「エネルギー」っていう言葉は今回の講義のキーワードになると思うんだけど、エネルギーってそもそも何だろう？　これは大学に入ったってなかなか分からない。教科書にはだいたい「エネルギーは仕事をする能力」と書いてある。では、「仕事」とは何か？　仕事は「物を動かすこと」と定義されている。

じゃあ、「エネルギーは『物を動かすこと』をする能力」ということになるけど、僕は混乱してきた。力学で言うところの力とエネルギーはどう違うんだろう？　実は大学の先生もよく分かっていない。僕もなんだけどね（笑）。

このコップに水を入れて手で持ってみよう。ちょっと疲れるね（笑）。つまり、ここでは何か疲れる仕事をしているから、エネルギーを使っていることになる。しかしニュートン力学（物理学）においては、これは「仕事」したことにはならないんだ。だって、「仕事＝力×移動距離」っていう式があるでしょ。手で持っているだけでは移動させていないから、仕事したことにならないのです。

——重力に逆らってコップを持っているから、力の向きは……

明らかに重力に抵抗しているよ。でもさっきの式では表現できない。仕事量ゼロだ。しかし、重力に拮抗《きっこう》するだけのエネルギーは使っているから疲れるんだ。それなのに仕事したことにならないっていうのは腑《ふ》に落ちない。

　ここでコップを持つことに使ったエネルギーは熱エネルギーとして放散していく。自動車のブレーキをかけたままアクセルを踏むとタイヤが空回りして、地面との摩擦《まさつ》で熱が発生するでしょ。それと同じこと。ここでも自動車は移動していないから仕事したことにならないけど、ガソリンを浪費して熱は発生しているんだよ。このように「仕事」「エネルギー」「力」という概念は論理的にも感覚的にも分かりにくいんだ。だからあと2日かけて深く考えていきたいと思っている。

　そうそう、昨日の話を覚えているかな。「生命とはエネルギーを食べるシステムである」って言ったよね。ここでは光エネルギーを例にして考えよう。植物は光エネルギーを受けて光合成し、二酸化炭素（CO_2）と水（H_2O）からデンプンその他の炭水化物を作る。光エネルギーがデンプンに姿を変えたと考えてもいいよ。

　デンプンが持っているエネルギーは化学エネルギーと言うから、「光エネルギーが化学エネルギーに変換された」と考えることもできるね。もちろん、変換効率（あるエネルギーが他のエネルギーに変換される割合）は100％ではなく、水やデンプン以外に熱（熱エネルギー）として無駄に散っていく部分も大きいんだ。物理学では「エネルギーの散逸《さんいつ》」って言う。

動物は大まかに言えばデンプンを食べて呼吸し、二酸化炭素と水に分解することで、デンプンに閉じ込められた化学エネルギーを取り出す。それは運動エネルギーとして利用されたり、熱エネルギーとして散逸したりする。このように次から次へとエネルギーを変換しつつ、そのたびに一部を熱として捨てるようなこと。これが生物のエネルギー代謝だ⑳。イメージがつかめたかな。

情報だけでは生命は動かない

さっき「情報主義者」って言ったけど、親から子へ伝わる情報、そして、どんな細胞も共通に持っている分化マニュアルのような情報、こういうのを遺伝情報って言う。それを担《にな》う本体はDNAだ。DNAには暗号のような文字があったよね。いくつだったっけ?

——4つ。

そう、A(アデニン)、T(チミン)、G(グアニン)、C(シトシン)の4文字。この4文字による情報(文字列)は遺伝暗号と呼ばれていて、僕たちの体のつくりや細胞の働きに関する情報が書かれている。もしかしたら人の性格や行動パターンまで決まっているかもしれない。もしそうだとしたら情報主義者が情報主義者になったのもDNA

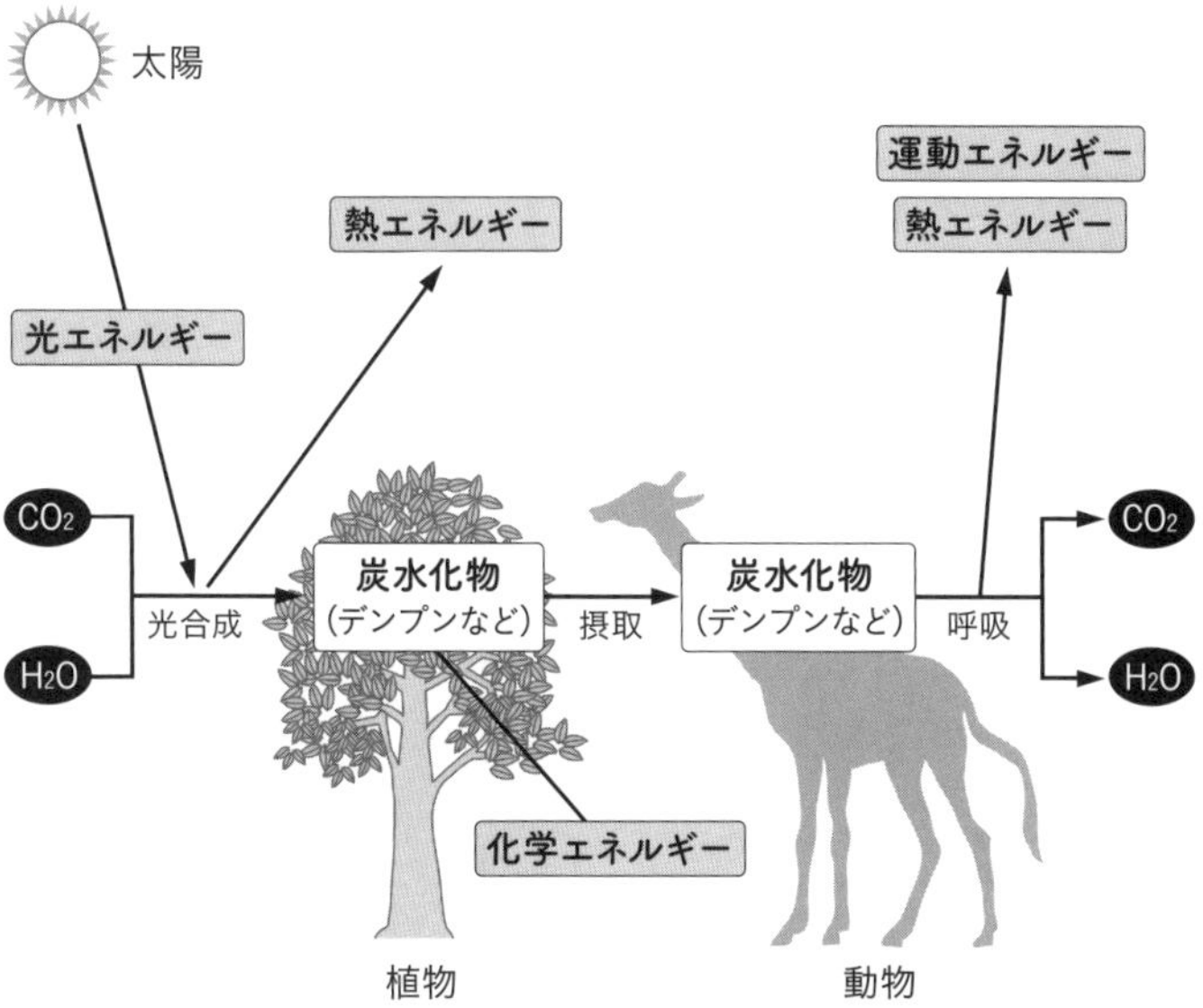

⑳植物と動物のエネルギー代謝

動植物の代謝を通じてエネルギーはその姿を様々に変えていく。植物は光合成によって、太陽からの光エネルギーを化学エネルギー（炭水化物）と熱エネルギーに変換する。炭水化物を摂取した動物は呼吸によって、運動エネルギーと熱エネルギーを生み出す。

のせいだし、僕が情報主義者でないのもＤＮＡのせいということになる。

僕はどちらかというとエネルギー主義者だ。たとえＤＮＡの文字列があったとしても、エネルギーがなければ生物は動けない。そもそもＤＮＡを作るのだって、ＤＮＡの情報を読むのだって、ＤＮＡからタンパク質を作るのだって、どれもエネルギーが要ることなんだ。エネルギーなしには何も起きない。エネルギーとは「何か（仕事）をする能力」なんだから。

これはパソコンと同じだよね。パソコンの中で人工生命を作って、それがパソコンの中で動き出したとしても、コンセントを抜いてしまえばおしまい（笑）。やっぱりエネルギーが必要でしょ。パソコンの中の人工生命がそこから飛び出して自分で電源を入れたら、これは本物の生命だ。でも21世紀のあいだにこんなことを実現するのは難しいだろうな。

細胞膜はエネルギーを生み出すひとつの機械

生物の３つ目の基本要素、細胞でできているということは、単純なようで結構大事だ。僕たちは個体として生きているから、その構成要素である細胞のことをあまり考えない。

そもそも個体を作るのに、小さな細胞がたくさん集まるのもいいけど、はじめから個体サイズの大きな単細胞でもいいわけでしょ。たとえば、クセノフィオフォラという深海生物は単細胞ながら最大20センチメートルにもなるんだ。

でも、単細胞だと細胞が傷ついたときが大変だよね。単細胞生物にとって細胞の死は個体の死を意味する。しかし、多細胞ならダメージを受けた細胞が死んでも、残りの細胞が代役したり増殖して後を継いだり、個体として死なずに済むという利点がある。

細胞は膜で囲まれている。さもないと中身がドローッと拡散してしまう。だから膜には「包む」という役割があるんだけど、膜の外から内へ、内から外へモノを移動させるという積極的な役割もある。

ちょっと前に回転する構造のところでチラリと言ったでしょ。「ＡＴＰアーゼ」。これは生物界の「エネルギー通貨」と言われるＡＴＰという物質を作るタンパク質複合体なんだけど、ミトコンドリアの膜に埋まっている。ある種のバクテリアの細胞膜にも埋まっている。

膜のあちこちから排出された水素イオン（H^+）が膜外にダムの水のように溜まっている。それがＡＴＰアーゼという狭い通路から膜内にどっと流れ込む。本当に水力発電のタービンのようにＡＴＰアーゼがくるくる回転し、ＡＴＰというエネルギー通貨が作られるの。この意味で、膜には決定的に重要な役割がある。でも、ミトコンドリアは細胞内にあるので、細胞膜に比べるとATP生産に特化している。

それ以外にも、熱い・冷たいといった外界刺激をDNAに伝え、それに適した反応を取らせるのも膜の役割だ。ただの包む膜というより、それ自体がひとつの機械のように思えてこないだろうか。それでも、僕たちは細胞膜のことなんか気にしない。むしろ、自分として意識できる個体のほうが気になる。じゃあ、細胞に細胞膜があるように、個体にも個体膜があるのだろうか。

代謝をしない生物は考えにくい

個体膜は普通に考えれば皮膚《ひふ》だよね。皮膚も単に防護膜というだけでなく、細胞膜と同じように外界刺激を脳に伝える「第三の脳」であり、重さにして約3キログラム（成人の場合）という「人体で最大の臓器」でもある。まさに『第三の脳』（傳田光洋著、朝日出版社、2007年）というタイトルの本にそう書いてある。

そうそう、個体膜としての皮膚については変な本がある。岡崎京子の描いた『ヘルタースケルター』（祥伝社、2003年）っていう漫画。ある女優の皮相的美貌《ひそうてきびぼう》と崩れゆく精神がテーマなんだ。

「ヘルタースケルター」というタイトル自体はイギリスの伝説的な4人組バンド「ビートルズ」の歌の中で最もへビーな曲に由来する。ヘルタースケルターには「滑り台」の他に「混乱」という意味もある。他方、漫画のほうは「人の美醜《びしゅう》なんてしょせん皮一枚」っていう、誰でも思うことを掘り下げている。作者いわく「いつも一人の女の子のことを書こうと思っている。いつも。たった一人の。一人ぼっちの。一人の女の子の落ちかたというものを」。

そう、美醜は皮膚一枚（骨格は問うまい）の個体膜に表われ、貧富や貴賤《きせん》はさらにその上の衣服・住居・乗物などの「社会膜」に出る。およそ内面とは無関係な部分。では、生命という内面はどこに表われ、どこに反映されているのか。人間なら意識や精神なんだろうけど、生物一般については、僕はまだ分からない。

僕は細胞膜がない生命を考えることができる。細胞というのは、水環境の中に水っぽい細胞質が漂っているから、そのあいだに油質（脂質）の仕切りを作ったようなものだ。それなら、そもそも周囲が油環境であれば水っぽい細胞質は自己集合するから、特に細胞膜は要らないかもしれない。でも逆はどうかな。水環境の中の油っぽい細胞質。僕は、生命活動にとって「液体の水」はかなり重要だと思うので、細胞質が油っぽいというのは考えにくいけど、自然ってやつは僕の考えなんか簡単に凌駕《りょうが》するから、そんな細胞がいるかもしれない。

で、細胞膜のない細胞を考えられるなら、個体膜のない個体も考えられるだろうか。僕に答えはないけれど、『ヘルタースケルター』の主人公が崩壊するのはひとつの答えだと思う。主人公は眼球ひとつだけ残して姿を消してしまったのだ。そうすることによって、主人公の女優は美を保ったまま神話と伝説になれたから。

僕は、自己複製も自己増殖もしない生命を考えることもできる。個体として増えることなく長生きするだけの生命。ずっと昔からはるか未来まで存在する神様みたいな存在。でも、たった一人ではなく、仲間がいてもいいと思う。超長寿な仲間たちがずっと存在するような生命だ。

しかし、そんな僕でもさすがにエネルギー代謝をしない生命を考えることはできない。生物の教科書的な3つの特徴を全部ぶっ壊したい僕でさえ、エネルギー代謝だけはぶっ壊せないと思っている。もちろん、みなさんがエネルギー代謝もぶっ壊せると言うのなら、そうしてほしい。自己複製・増殖も、代謝も、細胞膜も生命には必要ない。そう言ってもらって結構。でも、そう言える根拠と例を考えてほしい。ちょっと考える時間を与えます。

僕たちは「生きている」生物を本当は見ていない

——話はそれますが、顕微鏡でＤＮＡを見られるんですか？　今まで出てきた生物の小さな構造だって、根拠があっても実際に見えなければ想像じゃないのかなって思うんですけど。

見えなくても、理詰めで考えて「存在するはずだ」と言うことはできる。たとえば、クォークやニュートリノといった素粒子《そりゅうし》なんて、誰も実物を見たことがないでしょ。でも、理詰めで考えると、それが存在すると仮定したほうがより多くの現象を説明できるから、その研究に対してノーベル賞だって贈られているよね。ただＤＮＡに関して言うと、原子間力顕微鏡などの走査型プローブ顕微鏡を使って、本当に見ることができる。

——「原子間力」って、何かすごい（笑）。

ＤＮＡという分子には炭素・水素・窒素《ちっそ》・リンといった原子が並んでいる。原子間力顕微鏡がＤＮＡの上をなぞっていくと、それら原子の凸凹（デコボコ）が見えるんだ。

——すげー！（一同）

この原子の凸凹がさっき言ったＤＮＡの４文字（ＡＴＧＣ）に対応している。原子間力顕微鏡は、針みたいに鋭くとがった物（プローブ）をあまりにも物質に近づけたときに現れる引力や斥力（反発力）を検知して原子の凹凸を知るわけ。デコボコの並びを見ていくとＤＮＡが形として解読できる、つまり、見て分かる。原子間力顕微鏡ができたのは、今からもう25年前（１９８５年）のことで、今では普通に買えるよ。安くないけどね。

——でも見えているものが、本当に見えている本物がどうか、信用できない……。

それならどんな顕微鏡だって同じだ。今われわれが一生懸命取り組んでいるのは、英語やラテン語で言う ***in situ***（イン・シチュ）ということ。***in situ*** っていうのは「現場」を意味する。つまり、細胞でも、その中の核でも、さらにその中のＤＮＡでも、生物を生きたまま「その場」で見ようっていう試みだ。生物を見ているつもりでも、われわれが実際の研究で見ているのはしばしば「死物」にすぎないからね。

たとえば、顕微鏡で細胞を観察しても、それはホルマリンやアルコールで固定したり染色したりした標本でしょ。でも、シャジクモ（緑藻《りょくそう》の一種）の細胞を生きたまま見ると細胞の中味がぐるぐる回るように動く「原形質流動」とかが見えて感動する。原形質流動くらいなら目で見てパッと分かるからいいけど、現在どの遺伝子がスイッチオンになって、どの遺伝子がオフかなんてことは目に見えにくい。でも、テクノロジーの進歩の結果、超ミクロの世界でも生物の「現場」が見えるようになりつつあるんだ。

パソコンの中のウイルスは生きている?

さあ、さっき挙げた生物の3つの基本要素（自己複製・自己増殖、代謝、細胞膜）が要らない生物、あるいはまったく新しい生物を思いついた人がいたら教えてくれないかな?

――「モンスターハンター」というゲームに出てくる怪物は、ゲームの中で野生の草食動物を食べます。これは生物と呼べるのでしょうか。

デジタルな生命っていうこと?　そうだね、たとえばコンピュータ・ウイルスは他人のプログラムに侵入して、それを食い荒らして増えて散らばる。つまりプログラムを介して自己複製を行なう。しかも時々変異する、つまり、新種のウイルスが現れる。これも生命かと問われたら、限りなくグレーゾーンだ。パソコンの電源からエネルギーをとって「代謝」もしている。あっ、膜に囲まれてないか。

――コンピュータ・ウイルスもプログラムなので、ファイルという膜で囲まれているとも言えませんか。

プログラムは根本的にすべて0と1の連なりだったね。0と1の数列がひとつの意味を成すために、そこには始まりと終わりがあってパッケージ化されている。それを膜と呼ぶなら、膜だね。

――まあ、電子的な膜ですけど。

そう、デジタル的な膜は当然あり得る。膜がない裸の数列があったとき、それが生き残るかどうかは不明だけど、デジタル生命は存在可能だ。ただ、それを生命と呼べるのかっていう問題は残る。

コンピュータが脳を超える日が来る

今のところ、デジタル空間が僕たちの住む現実の物理空間をまだ浸食していないから救われている部分がある。両者が一体化する恐れを描いたのが『マトリックス』(1999年)という映画だった。今からちょうど10年前に2000年問題というのがあったけど、実はひそかに2045年問題というのがあるんだ。そのときみなさんは何歳かな?

――いま15歳なんで、50歳か……。

2045年、早ければ2030年代なんだけど、一番遅い予測で2045年にコンピュータが人間の脳を超えるだろうと言われている。「ムーアの法則」というのがあって、

「コンピュータのＩＣ（集積回路）の集積度やＣＰＵの演算速度、メモリの容量などは18〜24ヵ月ごとに倍増する」という。

たとえば、コンピュータの計算速度（ＦＬＯＰＳ：１秒あたりの浮動小数点数演算の回数）を見てみると、この法則が提唱された１９６５年４月を５００万回として、２０１０年３月で約１８００兆回だから、45年で約３・６億倍、つまり19ヵ月で２倍（$2^{(45\times12\div19)}\fallingdotseq3.6$億）になっている！　まさに「ムーアの法則」の通りでしょ。

もちろん、脳とコンピュータは計算速度だけで比べられるものではない。でも、神経細胞（ニューロン）の数やその結合（シナプス）の数——よく分からないけど、それぞれ千億とか１兆とか——なども考えると、２０４５年頃に脳はコンピュータに抜かれるという予測がある。

——それこそ人間の脳を超えるものを脳が作れるのかというのと同じですか。

そう、２０４５年からあとの世界においては、人間の脳は自分が作ったものを理解できないし、それと戦ったら勝てないという問題。現実化してほしくないと僕が思っているのは、２つのハリウッド映画『ターミネーター』（１９８４年）と『マトリックス』が描く世界だ。

『ターミネーター』では、コンピュータが世界を支配し、人類の抹殺《まっさつ》を図《はか》っている。『マトリックス』でも、コンピュータが現実世界を支配して人類を養殖し、人類に叛乱《はんらん》を起こさせないよう仮想世界で夢を見させる。2045年にはこういう映画の世界が現実化するかもしれない。

アメリカの数学者にしてSF作家のヴァーナー・ヴィンジは1983年に「人間より優れた人工知能のことは人間には想像できない」と言って、それが起きる歴史的瞬間を「技術的特異点《ぎじゅつてきとくいてん》」って呼んだんだ。「特異点」は英語でシンギュラリティ(singularity)って言う。「2045年問題」は、この特異点問題の最たるものだ。

特異点の思想はヴィンジ以外にも多くの研究者が唱えているけど、同じくらい多くの学者が批判もしている。特に目立った賛成派にはレイ・カーツワイルという人がいて、アメリカのNPO「シンギュラリティ協会」や「シンギュラリティ大学」を作った。この「大学」は、大卒の学歴が取れる普通の4年制大学じゃなくて、ものすごくハイレベルな授業を提供する塾みたいなもの。でもNASAやグーグルも一枚噛《か》んでいて、講義をする人も受ける人もノーベル賞クラスの一流エリートたちだ。

現在でもアフガニスタンやパキスタン、イラクでは無人飛行機が飛んで人間を殺している。僕たちはすでに恐ろしい世界に片足を突っ込んでいるんだ。そこに特異点が来たらどうなるだろう。今すでにコンピュータ・ウイルスも含めた「デジタルライフ」が仮想空間でシミュレートされ増殖しているでしょ。そんな仮想空間の「デジタルライフ」が現実化しないとも限らない。そうなると、「デジタルライフ」は仮想空間と現実空間をつなぐ実体として考えたほうがいいんじゃないだろうか。デジタルライフは生命ではありませんなんて、僕にはキッパリ言えないな。

増えない生物の可能性――神様は一人でいい

――デジタルではなくて、リアルな世界にいるウイルスはたしか自己増殖が不完全だったと思いますけど、これは生命なんでしょうか。

ウイルスが生命かどうかは判断が難しくて、せいぜい生命っぽいとしか言えないんじゃないかな。物質として見れば、ウイルスは増える物質だよね。しかも自己組織化して増えるという点ではウイルスはかなり生命っぽい。でも、自分で増殖するのではなく、他者に寄生し、他者の増殖装置とエネルギーを使って増殖するという点について、自律的でないから不完全と見るか、いや、賢いと見るかで意見は分かれる。

他方、ウイルスの構造を調べるときに結晶化させることがあるんだけど、結晶化できるってことは生物っぽくない。本当の無機物の結晶は、どんどん大きくなるよね。成長って言ってもよい。また、結晶がひとつできると周囲の分子も整然と並ぶので、新たな結晶ができやすくなる。これは結晶の「増殖」と呼べるだろうか。呼べるかもしれないけど、問題は「自己複製」ではないということ。

結晶は物理・化学的に決まった構造をとる。構造だから情報はあるんだけど、それは自由度のない情報だ。DNAも結晶にできるけど、DNAはATGCの4種類の文字からなる情報を持っていることが大事。ウイルスもDNAを持っている、あるいはその親戚みたいなRNAという情報分子を持っている点では、生命っぽいと考えることもできる。簡単にまとめれば、ウイルスは結晶化できるから生命っぽくないけど、ただの結晶とは違って、情報が増殖する点は生命っぽいとも言えるという感じかな。

——自分で修復もできて、自分の世代だけで進化できて、自分だけで幸せになれる生物だったら、わざわざ増える必要はないんじゃないですか?

いいことを言うねぇ。いろんな人が生物の本質は増えること、蔓延《はびこ》ることにあると思っている。でも論理的にはいま君が言った通りだ。増えなくても一人でいい。そういう素晴らしい生物の例はまだ見つかっていないと思うけど、ひとつ関係ありそうなものがいるので、紹介しよう。

アメリカの研究者が大腸菌《だいちょうきん》を培養しているうちに、細胞の一部がちぎれて断片化したものがしばらく死なずにいることを発見した。この細胞断片のことを「ミニセル」と言う。ミニセルにはDNAがない。だから、栄養を与えても自己複製できないし、増殖もしない。ただ、じっと代謝しているだけ。これが幸せかどうかは分からないけど。僕もミニセルを培養したことがあって、そのときは1週間もしないうちに死んでしまった。座して死を待つっていう感じ。

　ミニセルの死の過程は普通の化学反応と同じように温度の影響を受ける。化学で「Q_{10}の法則」は教わったかな？　温度が10℃上がると反応速度は2倍になり、10℃下がると半分（1/2）になるっていうやつ。ミニセルを放置しておくと死ぬんだけど、全滅するまでの時間がQ_{10}の法則にしたがっているんだよ。そのとき僕は、あぁ、ミニセルの死って化学反応なんだなって思ったんだ。

　ただ残念ながらミニセルにはDNAがないので遺伝子の突然変異に基づく進化は起こらない。でも、もし「DNAがあるから進化するけど増殖はしない」っていう生物がいたら面白いし、そういう生物を考えることはできるよね。

　たとえば、ある細胞が自分は増えないままで、DNAのコピーをたくさん作る。複製されたそれぞれのDNAに突然変異が起きたら、その細胞は「多様なDNAセット」のプール（集団）を持つことになるでしょ。そのプールの中から、その時々の環境条件に合わせてベストなDNAを使えば、それは環境に適合して生き延びることができるだろうし、また、DNAプールの多様性も増していけば、それもひとつの進化と言えるだろう。

もしも増えずに代謝して、一人で進化できる生物がいたら、それは神様みたいな存在だと思えないだろうか？　僕は一神教も多神教も信じないけど、よく「神様は一人だ」「神様は増えない」って考えている。そうすれば、生物の基本的属性とされている「増殖する」という常識をぶっ壊せるからだ。だから、「増えない生物がいても構わない」っていう意見、これはいい発想です。

「地球は生命か」を科学的に考えると

——地球も生命だと言えないですか？

それはいかに？

——地球全体で見れば内部で熱いマントルがどくどくしているし、植物を使って呼吸もしている。

——人間はミトコンドリアみたいに地球という生命の一部っていうこと？

——そんなこと言ったら他の星も生命になって、宇宙全体がみな生命（笑）。きりがない。

㉑命題と逆・裏・対偶

命題が正しいとき、その対偶は必ず正しい。しかし、命題が正しくとも、その逆・裏が正しいとは限らない。

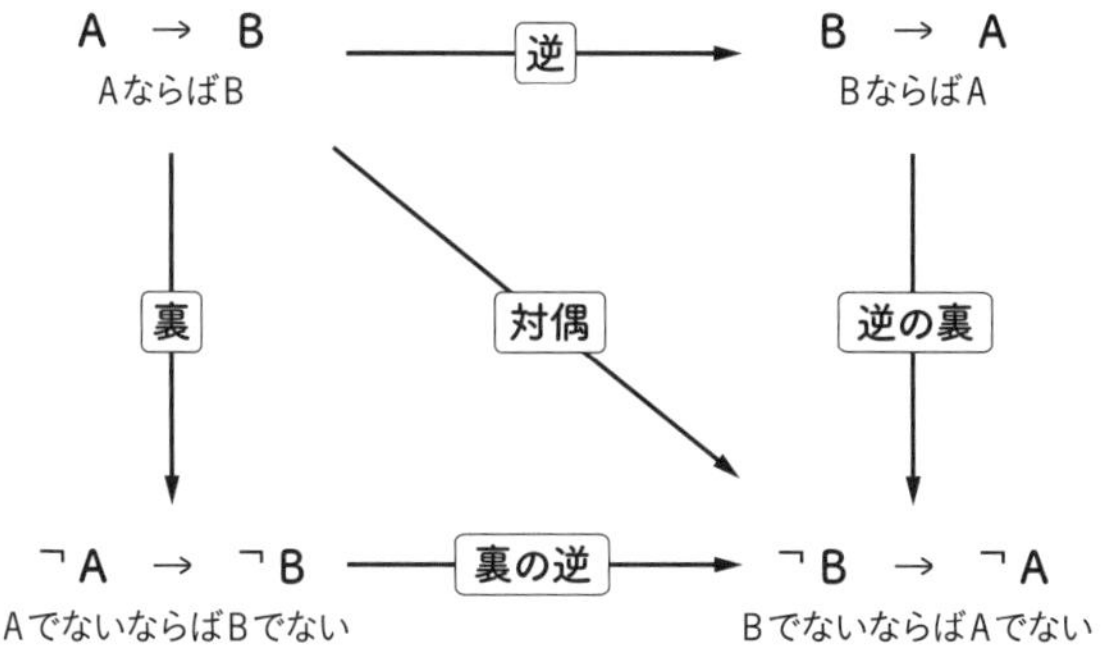

「地球は生命か」という問題は難しい。地球はある意味代謝をすると言っていいかもしれないけど、自己増殖するだろうか？

——でも月は地球から分離したっていう説がありますけど……。そうしたら増殖もするんじゃないでしょうか？

ちょっと待って。まずは論理的に考えてみようか。命題と逆・裏・対偶《たいぐう》というのは知ってる？

——たとえば「AならばB」っていう事象があった場合に……

図を書いてみてくれる？

——はい㉑。

ありがとう。命題は「AならばB」だ。じゃあ「生命ならば増殖する」を例にとってみよう。すると「逆」はどうなる？

——増殖するならば生命だ。

さっきの結晶のことを考えると、増殖しても必ずしも生命とは言えないよね。今度は「裏」だ。

——生命でなければ増殖しない。

結晶は増殖するからこれも怪しい。ただし、結晶は情報を複製しないけど。

最後は「対偶」だ。元の命題が正しければ、必ず対偶も正しくなる。

——増殖しなければ生命ではない。

これは本当だろうか？　ミニセルはどうだろう。ミニセルは「座して死を待つ」ような感じだけど、それは生きているんだろうか、死につつあるんだろうか。死につつあるものを生命ではないと言うと、僕たちはひとつの個体としてはある意味「死につつある」んだから、僕たちも生命でなくなってしまう。そうすると、「増殖しなければ生命ではない」というのもちょっと怪しくなってくるかな。つまり「生命ならば増殖する」という元の命題も怪しくなる。

「地球は増殖するか」という問題をサイエンスで真面目に考えてみよう。ふつう増殖というと自分と同じボディサイズのモノを作ることを意味する。自分と同じ大きさのモノを地球君がどこかから食べて増えるだろうか。地球はどこからか物質を取り入れて、分裂するんだろうか。あるいは、自分より小さい「子地球」を作ったとしても、それが成長するための素材をどうやって取り入れるんだろうか。

「ジャイアント・インパクト説」という、月の誕生についての仮説がある。46億年前、地球ができて間もない頃に、火星と同じ大きさの星が地球に激突。そのとき宇宙に散らばった破片から月ができたという説だ。だから月は地球の兄弟星、なんて言う人もいるけど、厳密に考えればちょっと違う。

　地球の重さは6×10^{21}トン。地球には毎年、流れ星として宇宙から塵《ちり》のような小さい物体がたくさん降ってくる。その総量は毎年およそ１００トン。これを仮に地球が「食べる」物質の総量としよう。それが地球自身の総量になるまでには、10^{19}年という桁《けた》の時間が必要になる（10^{21}トン÷10^{2}トン／年＝10^{21-2}年＝10^{19}年）。10^{19}年なんて無理な話だ。だって宇宙の年齢はせいぜい10^{10}年（約１３７億年）だからね。

　こう考えると、地球が外からモノを取り入れて別の形に分裂することはかなり難しいし、小さな子地球が育つのも難しい。もちろん、小さな子地球が大きくならず、さらに小さな孫地球を生んでもいいけど、それだと縮小再生産でしょ。どんどん小さくなるばかりで、生命っぽくない。結局、「生命であれば増殖する」という命題は、地球には当てはめにくいことが分かるかな。

人間は地球が増えるためのウイルスか？

——たとえば人間が火星に行ってテラフォーミング（人間が住めるように惑星を人為的に改造すること）をしたとき、地球は人間をウイルスみたいに使って火星を侵食して増えている、っていうふうに取れないですか。

「人間ウイルス論」。そういう話なら乗った（笑）。これはさっきの地球生命論とは別物だ。地球が人間を手段として増えていくわけだね。人間は自分の意思で行なっているように振る舞うけれど、本当のところは地球の意思によって人間が動かされているだけかもしれない……。宇宙には自分の星に栄えた知的生命体をウイルスのように散らばして他の星を植民地化している星が存在するかもしれない。これは面白い発想だ。

ＤＮＡの二重らせん構造を発見してノーベル賞を取ったワトソンとクリックのうち、クリックのほうはＤＮＡから離れて脳や意識の研究に移って、さらに、宇宙生命のことも考えるようになった。彼の考えはちょっとぶっ飛んでいて、すでに高度に進化した知的生命体が無人ロケットに「生命の種」を積んで、あちこちの惑星に送り込んでいるって言うんだ。これを「意図的パンスペルミア」と言う。パンスペルミアとは、宇宙を飛び交う「生命の種」みたいなもののこと。「生命の種」の代わりに人間を積んで火星に送り込むっていう発想を天国のクリックが聞いたら、さぞ喜ぶだろうね。

さあ、もう時間だね。今日はみなさんに生命の常識をぶち壊してほしいと思っていたんだけど、これで相当壊れたんじゃないかな。この勢いでまた明日会いましょう。

——ありがとうございました。

第３章　生命を数式で表わすことができるか？

みなさん、こんにちは。今日は2日目だね。よろしくお願いします。

——お願いします。

昨日は生命の常識をぶっ壊すとか、生物のいろんな制約をなくす、なんて話をしたんだけど、今日の本題に入る前にいま地球にいる生き物のおさらいを少ししておこう。僕たちがどういう制約の下《もと》にあるか、確認しておきたい。

動物は体のつくりで分類されている

昨日も少し触れたけど、生物の授業で「分類」っていうものを教わったかな。一番下位の分類群（グルーピング）が「種《しゅ》」、その上が「属《ぞく》」なんていうやつ。まだ教わってない？　じゃあまず、われわれ人間は「ホモ・サピエンス」（*Homo sapiens*）という種だ。「種」は生物を区分する一番下のレベルの単位。まあ、この下には「亜種《あしゅ》」なんてのがあるんだけど、それは置いておこう。

「種」の上には「属」というグルーピングがある。人間で言えば、ホモ（*Homo*）。われわれはホモ属のサピエンス種なんだね。日本語では「ヒト属」の「ヒト」と言う。属の上は、「科《か》」「目《もく》」……と続く。種・属・科・目・綱《こう》・門《もん》・界《かい》。大学の生物学科に入ると絶対に覚えさせられるね。生物学は「分類に始まり、分類に終わる」とも言うんだ。でも今日は覚えなくていい（笑）。要は上位にいくにしたがってどんどん大きいグルーピングになっていくということ。

「界」になると、これはもう動物界か植物界かということになるので、今はとりあえず動物界の話をしよう。動物界の中には、30いくつかの「門」がある。動物をいろいろと分類して似た物同士を集めてグルーピングした結果、こんなに多くのグループになった。そういう外見に基づいたグルーピングなんだけど、現代生物学においては門に明確な根拠が与えられた。それは体のつくり、構造、つまりボディプランだ。

昨日話題にしたように、動物のボディプランは30いくつかあって、これがそれぞれの「門」に対応している。そしてボディプランは遺伝子によって決まっているんだった。他にもいろいろあるけど、一番重要なのはホックス（*Hox*）という遺伝子。

生物はもともとたった1個あるいは少数の遺伝子から始まった。そういう「最初の遺伝子」が重複して2つになったり、3つになったり、4つになったりすると、「量から質への転換」かな、遺伝子の効果のうち強化される部分とあまり変わらない部分が出てきて、イカやタコの足の数みたいに目で見て分かる「表現型」に違いが出る。あるいは遺伝子の突然変異が起きても表現型に違いが出るね。たとえば、ホックス遺伝子に突然変異が起きると、ショウジョウバエの頭に脚が生えたりする。

そういうことが組み合わさった結果、30いくつかの「門」と呼ばれるグループに分かれるに至った。「門」が違えば、ボディプラン（体のつくり）が違う。背骨型《せぼねがた》、体節型《たいせつがた》、四足型《しそくがた》など、昨日いくつか紹介したね。30数個すべて説明するのは時間の制約があるのでやめておこう。大事なことだけ伝えます。

入口が先か出口が先か、それが問題

地球上で最初の動物はたぶんアメーバみたいな生物だった。なにかモゾモゾとしたもの。こいつは動物なので生きるためにはモノを食べないといけない。そこで、ポンと口ができる。そうしたら口から食物が入っていって、口から出す。モノが入るところと出るところが同じじっていうのはいかにも気持ちが悪いよね。自分のことを考えてみて。食べたモノが入る口と出す口（肛門）が同じだったら、なんだか……（笑）。

でも最初の動物はこんな構造だ。口からモノを入れて栄養分だけを吸収して、同じ口から残りをペッと吐《は》いちゃう。今の生物だとクラゲ、イソギンチャクが同じつくり。みなさん想像つくと思うけど、こういった形をしているよね㉒A。門でいうと、刺胞動物《しほうどうぶつ》門《もん》と呼びます。

この初期型がだんだん進化すると、口の陥没《かんぼつ》部分がどんどん凹《へこ》んでいくんだ。この凹みが長いほうが食物を消化しやすいし、吸収しやすいからね㉒B。パックマンが潰《つぶ》されて細長くなったような形。昨日話題にしたプラナリアはそういう生き物のひとつだよ。

ここまで来ると、あと一歩。細長く伸びた凹みが貫通する。マカロニみたいに体の真ん中に管《くだ》（チューブ）が通っていると思えばいい㉒C。こうなると、食物の入口と出口がちゃんと2つできるよね。これでちょっと気持ち悪くなくなった。

問題はどっちを入口にして、どっちを出口にするかなんだよ。入れるほうを優先すれば、原口《げんこう》を入口にして、貫通口を出口にする㉒C−1。出すほうを重視するなら、原口を出口にして、貫通口を入口にする㉒C−2。理論的には両方あり得るでしょ。生物はどっちの道を選んだと思う？

——出すほう？

出すほうを優先というのは、元の穴を出口にして、新しく入口を作ったということ？

——私は入れるほうだと思う。

つまり、元の穴が今の口になったということだね。実は動物界には両方あるんだ（笑）。これを境に動物界はバシッと2つに分かれるわけ。「あくまで最初の口で食べる」のは

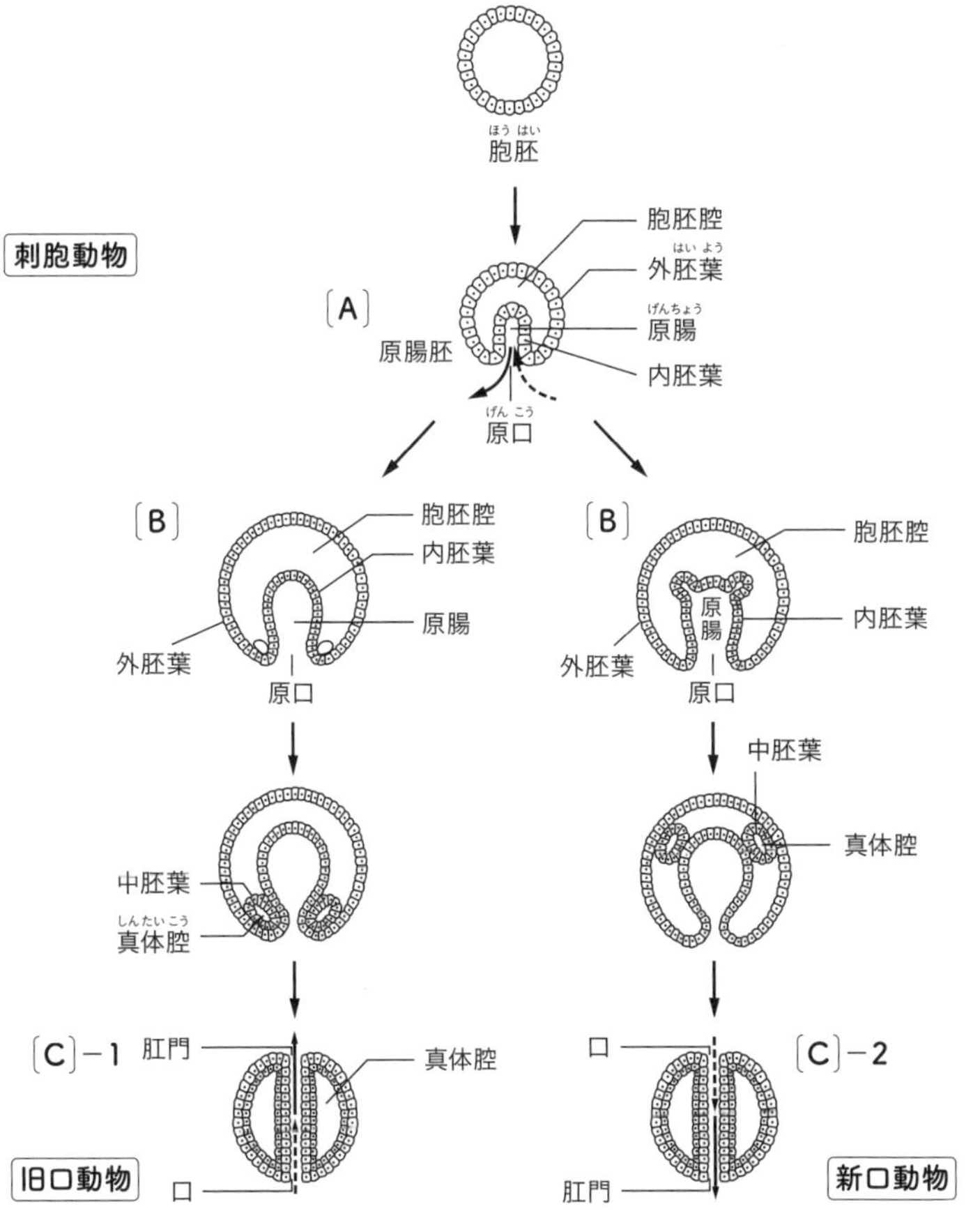

㉒刺胞動物、旧口動物、新口動物

受精卵から細胞分裂を繰り返した胞胚に凹み（原口）ができ、刺胞動物の基本形となる〔A〕。原口はさらに凹んで原腸を形成し〔B〕、最後には貫通して管となる〔C〕。原口（最初の口）がそのまま入口となるのが、旧口動物〔C〕-1。逆に貫通口が入口となるのが新口動物〔C〕-2。動物の系統はこれを境に大きく枝分かれする。

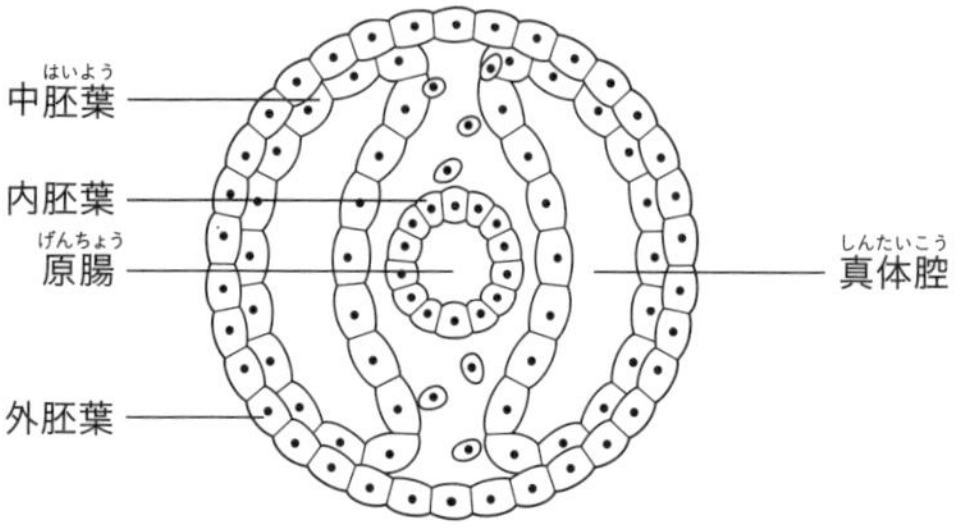

㉓内部空間を持った生物（縦断面図）
管の貫通した生物（㉒の〔C〕-1,〔C〕-2）の内部では、原腸（管）と体壁とのあいだに空間（真体腔）が発達する。この空洞にやがて内臓が形成されていく。

旧口《きゅうこう》動物で、「食べる口は新しいほうがよい」というのは新口《しんこう》動物と言う。

人間は新口動物です。哺乳類《ほにゅうるい》を含め脊椎《せきつい》動物はすべて新口動物。他方、旧口動物はイカ・タコや貝類などの軟体《なんたい》動物とエビ・カニや昆虫類などの節足《せっそく》動物が該当する。

原始のアメーバみたいだった動物細胞に穴が貫通すると、あとはいろんなことが起きる。たとえば体に管が通るとモノを食べやすく消化しやすくなるので、この生物はどんどん太ってきます。管の周りの身の部分がもっと膨《ふく》らんでくる。

やがて体の中に空間ができ始める㉓。われわれ人間も、口から胃腸を経て肛門にいたる消化管とは別に、体の中に空間があるよね。お腹の中には腹腔《ふっこう》という空間があるし、脳だって頭蓋骨《ずがいこつ》の中の空間を満たす脳漿《のうしょう》に浮かんでいるようなものだ。体の中に空間が生じると、肺や胃や腸といった内臓がたくさんできてくる。神経だって伸びてくる。

ここまで来ればもうなんとなく僕たちの考える生物に近いでしょ？　次は足が生えてきます。昨日「体節」って言ったのを覚えているかな。ニョロニョロ動いたり、付属肢《ふぞくし》という「足」が生えたりするには、体節があったほうがなにかと便利。

体節というのはユニット構造の繰り返しなので、そのためにはユニット同士がくっつく必要がある。また、ユニットそのものも複数の細胞がくっついたものだ。つまり、多細胞ってこと。ここで、いわゆる単細胞生物から多細胞生物への進化をたどってみよう。

多細胞生物への進化は「モゾモゾ」から「ニョロニョロ」へ

地球の生物（動物）のスタートは、きっと、アメーバみたいな単細胞だ。細胞と細胞がくっついて多細胞生物になるには、接着剤に相当するものが必要になる。動物ではコラーゲン、植物ではリグニンが接着剤の役目を果たしてくれる。コラーゲンって聞いて、何を思い出すかな？

――美容や美肌によく効く成分。

そんなイメージだよね。肌の保湿のため、あるいは肌荒れを防ぐためにコラーゲンを摂取する人が多いみたい。でもコラーゲンを飲んだり塗ったりしても実はあまり意味がないんだ。そのままでは自分のコラーゲンにはならないから。ただ、コラーゲンには特徴があって、ある決まったアミノ酸ユニットの繰り返し構造がある。そのアミノ酸ユニットを摂取したら、コラーゲンの合成に使われる可能性が高いから、比較的効率よく自分のコラーゲンを作れるかもね。

コラーゲンは細胞と細胞をくっつけるノリのような働きをするタンパク質だ。コラーゲンによって初めて細胞と細胞がくっついて、生物は2細胞、3細胞、4細胞……そして多細胞になったわけ。

タンパク質、ということはもちろんコラーゲンも遺伝子によって作られる。けれど、できただけでは不充分。コラーゲンがその真価を発揮するためには、酸素の存在が必要なんだ。コラーゲンは酸素と反応をすることによって、細胞をくっつける機能を手に入れる。では、地球の歴史で酸素はいつ頃できたんだろう?

――……。

地球が生まれたのは45~46億年前。その頃の地球には酸素は存在しなかった。しかし、30何億年か前からシアノバクテリアという単細胞の藻《も》のような微生物が、光合成で水

（H_2O）を分解して酸素（O_2）を作ってくれたらしい。それから、酸素がだんだん溜まってきて、地球の表面が酸素でいっぱいになってくる時代になった。その影響が出始めたのは今から約25億年くらい前のことだそうだ。

そこでコラーゲンの出番だね。たぶんコラーゲンはそれ以前からあったんだろうけど、酸素がなかったから細胞接着機能を発揮することはなかったはずだ。だから酸素の発生は多細胞生物の発生と重なっている。

でも、どうして多細胞生物になる必要があったんだろう。よく分からない。おそらくは動くのに都合がいいからだと思う。１細胞でモゾモゾ動くよりは、２細胞あったほうがニョロニョロ動きやすいってことだと思う。

最初の多細胞生物は細胞が団子のように連なってニョロニョロ動いたんじゃないかな。ボルボックスって聞いたことある？　緑藻《りょくそう》という藻の一種なんだけど、約２０００個の細胞が団子になったような感じ。これを単細胞のクラミドモナス、そして、この中間型の8〜16細胞のパンドリナ、１２８細胞くらいまでいっちゃうプレオドリナなどという緑藻と一緒に並べてみると進化の過程が見えるようで面白いよ。

でも、これはモノを食べない植物（藻類）だ。モノを食べる動物なら、細長いほうが消化・吸収の効率がよいから、団子を延ばしてうどんみたいになる。すると、うどんがニョロニョロ動き出す。「モゾモゾ」から「ニョロニョロ」へ。イメージとしてはミミズのような蠕虫《ぜんちゅう》だ㉔。

究極的には人間もミミズの子孫

みなさんの腸はグニュグニュと動くでしょ？　筋肉が波のように収縮する動きを蠕動《ぜんどう》運動と呼ぶ。これも蠕虫の動きから名づけられた。われわれ人間も究極的には蠕虫の子孫だと言っていい。

ひとつの細胞から始まって、穴が貫通して口と肛門ができて、細胞がくっついて蠕虫になる——単細胞から多細胞への一連の流れだ——その1個1個の細胞がおそらく体節の起原と言える。あるいは複数の細胞がいくつかまとまってグループを成すのも、新たな体節の起原。いずれにせよ体節構造が登場する。ひとつの体節を複数の細胞が構成する場合もあるということ。

体節を作ると蠕動によって水平方向にも垂直方向にも動ける。最初の生き物はたぶん海底の泥の表面を水平的に這《は》っていたから、垂直方向にも動けるようになると大きなメリットがある。砂や泥の中に潜れるので敵から逃げられるんだ。あるいは紫外線を浴び

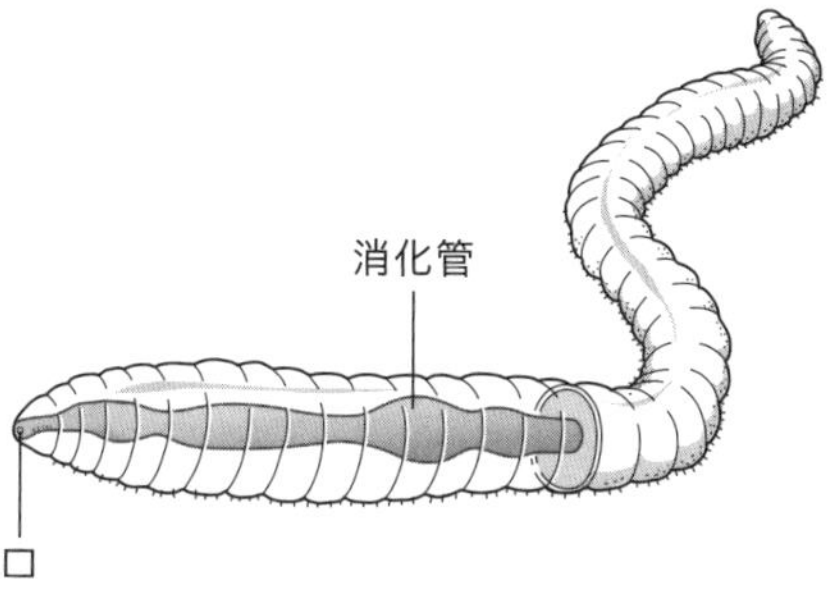

㉔体節構造を持った多細胞生物（蠕虫）

単細胞同士がくっついて次第に多細胞となり、体節が発達して細長くなると蠕虫になる。

ずに済むから浅い海や海岸にも棲《す》めるようになる。「動ける」ということにはたくさんの利点がある。

　昨日の話を思い出してほしいんだけど、体節さえできてしまえば、あとは足が生えたり羽が生えたり、体の作り方が容易になる。また体節とは無関係に、内部に空間構造を持ってしまえば、心臓だの肝臓だの、機能を特化した器官を置き並べる空間的余裕が持てる。

　われわれ人間も、あばら骨や筋肉という形で体節構造を今でも維持・保存している一方、胸腔《きょうこう》や腹腔の中に心臓や肝臓などをいろいろ詰め込んでいる。つまり最初の動物の基本的な形と僕たちはつながっているっていうこと。

誰も見たことがない進化の過程を見る方法——エヴォ・デヴォ

そういえば、ひとつの受精卵が大人の姿になるまで、生物の発生のプロセスを見ると、どの動物も似ているところがあるんだよね。最初は受精卵でひとつの細胞。それが分裂して2細胞となり、2細胞が4細胞、4細胞が8細胞、8細胞が16細胞……というように、細胞数が倍々でどんどん増えていって細胞の塊《かたまり》になる。

動物界の進化を見ると、単細胞が集まって細胞の塊になり、その塊にやがて管が貫通して内部空間が生まれ、また、体節構造もできる。これが動物界を貫く進化の過程だ。他方、受精卵から幼生《ようせい》を経て、成体《せいたい》（大人）になるという個々の生物の発生過程がある。これを「個体発生」って言うんだけど、進化の過程と似ているところがあるんだ。

進化は「系統発生」とも言うので、「個体発生は系統発生を繰り返す」と考えることもできる。人間で言えば胎児《たいじ》のある時期にエラが現れるのは、人間が魚から進化したことの反復ともとれる。個体の発生は進化を繰り返す。これはある意味正しい。現代生物学によっては半分否定されているけれど、半分は本当だ。

そもそも「個体発生は系統発生を繰り返す」っていうのは19世紀に生まれた古い考えだ。

20世紀の生物学によってほぼ否定されたんだけど、この考えは21世紀になって復活した。

個体発生のことを英語で「ディベロップメント」(development)って言う。この語は普通「発展」と訳されるけど、生物学においては、受精卵がどんどん発展して成体(大人)になることを指す。

それから系統発生は英語で「エボリューション」(evolution)って言う。もちろん「進化」のことだ。この2つの言葉を組み合わせて今は、「エヴォ・デヴォ」(Evo-Devo)と呼ぶ考え方が有力だ。19世紀の「個体発生は系統発生を繰り返す」は外見の類似性に惑わされたところがある。外見には何某《なにがし》かの真実が反映されているのだけど、文字通り皮《ひ》相的《そうてき》な部分もあるよね。

一方、21世紀のエヴォ・デヴォは、皮相ではなくもっと生命の奥深く、遺伝子の比較に基づいている。ボディプランを司《つかさど》るホックス遺伝子など、DNAの働きが個体発生の時間軸に沿ってスイッチオンになったりオフになったりする様子を追究するのがひとつ。同時に、それら遺伝子の「文字列」の比較から生物の近縁関係、すなわち系統関係を組み立てること、つまり、進化の系統樹《けいとうじゅ》を描くことも行なう。遺伝子・DNAを介して個体発生と系統発生がつながったのだから、かなり説得力のある学問分野だってことは分かるでしょ。

進化は地球において1回しか行なわれていないよね。その現場は誰も見ていない。昨日だって「見えないものは信じません」っていう指摘があった。進化は本当は信じられない。だって誰も見ていないんだから。でも、個体発生は見られる。試験管やフラスコの中で、受精卵からカエルや鳥の発生を実際に再現できる。だから個体発生は信じられる。個体発生をコントロールする遺伝子の比較を通して進化が見られるというのがエヴォ・デヴォっていう学問で、それはおそらく正しい。

遺伝子の文字を比較すれば進化が再現できる

このエヴォ・デヴォという考え方をもう少し説明しよう。現在われわれ科学者が個体発生を見るときには、受精卵が分裂・分割していく様子を追跡するとともに、遺伝子のスイッチのオンとオフを調べる。たとえば、1細胞の受精卵が分裂すると（受精卵の場合「卵割《らんかつ》」と言う）、2細胞になるね。どちらも同じDNA、同じ遺伝子を持っているんだけど、どの遺伝子がスイッチオンになるかは、細胞ごとに違うんだ。なぜそうなるかについては未解明の部分も多いんだけど、とにかく、遺伝子ごとのオン・オフを網羅的に調べることができるようになってきている。

個体発生のあるタイミングである遺伝子がオンになって管が貫通し、別のタイミングで別の遺伝子がオフになって体節ができる。これはたぶん系統発生（進化）の過程を反映しているはずだ。つまり、進化の過程で遺伝子が生まれた順番を反映しているのではないだろうか。エヴォ・デヴォではこう考える。

それから、単純なゲノム解読もエヴォ・デヴォの仕事だ。ゲノムとはその生物が持っている遺伝子の1セットのこと。まず何も考えずに遺伝子の文字列を読む。次に、同じ起原に由来すると思われる遺伝子のATGCの文字合わせをする。これで系統樹を描く準備ができた。つまり実際の生物のことを知らなくても進化の過程が再現できる。これは驚きでしょ？　まあ、実際はもっと難しいけどね。

それにしても、ゲノムの文字列の解析で生物の系統の再現ができてしまうのは革命的だ。遺伝子（DNA）の文字はATGCっていう4種類だよね。たとえばここに（1）ATGCATGC、（2）AAGCATGC、（3）AAACATGCっていう3つの文字列があったとする。（1）と（2）は1文字違い、（1）と（3）は2文字違い。すると（1）→（2）→（3）という系統樹が論理的に作れてしまう。

4種類の文字でちょっと遊んでみよう。せっかくだから「生命」を意味する英語でL・I・F・Eの4種類にしようか。LIFE、FEEL、FIEF、FILE、FILL、

㉕「LIFE」の系統樹①

「LIFE」から始まって「FEEL」に「進化」するまでの過程(下線で示すのが置換された文字)。
これをある方法(非加重結合法)で系統樹にすると〔A〕になる。

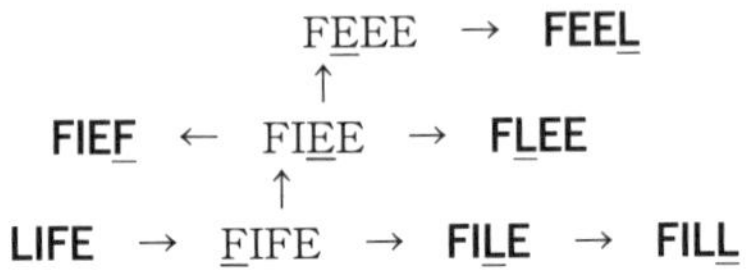

$$
\begin{array}{ccccccc}
 & & & & F\underline{E}EE & \rightarrow & \textbf{FEE}\underline{\textbf{L}} \\
 & & & & \uparrow & & \\
\textbf{FIE}\underline{\textbf{F}} & \leftarrow & FI\underline{E}E & \rightarrow & \textbf{F}\underline{\textbf{L}}\textbf{EE} & & \\
 & & \uparrow & & & & \\
\textbf{LIFE} & \rightarrow & \underline{F}IFE & \rightarrow & FI\underline{L}E & \rightarrow & \textbf{FIL}\underline{\textbf{L}}
\end{array}
$$

〔A〕非加重結合法

```
├──── FEEL
├──── FLEE
├──── FIEF
├──── FILL
├──── FILE
└──── LIFE
```

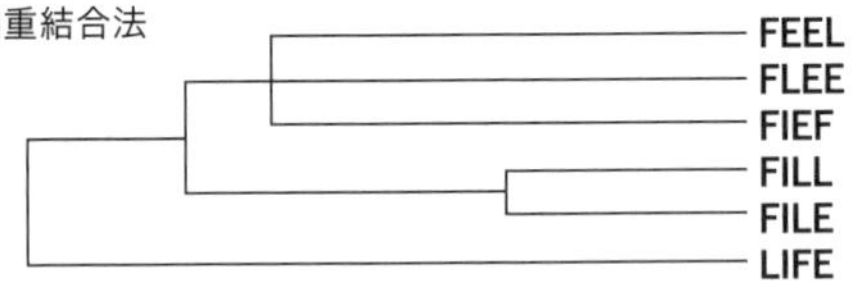

　FLEEなどが意味のある4文字の英単語だ。LIFEから始めて、1文字ずつ他の文字に置換しながら各単語を作った場合、どういう順番で置換したら最短で全部の単語を尽くせるだろうか。たったひとつのラインしかない単系統の場合とか、複数のラインがある多系統の場合とか、いろいろな方法や結果(系統樹)があると思う。例を示しておこうかな。

　まず、LIFEの先頭のLをFに置き換えてFIFE(これは意味のない文字列)、次に3文字目のFをLに置換してFILE(ファイル)ができ、さらに最後のEをLに置換するとFILL(満たす)もできる。ここで意味のない文字列FIFEに戻って別の経路を作ろう。FIFEの3文字目

〔B〕最小進化法

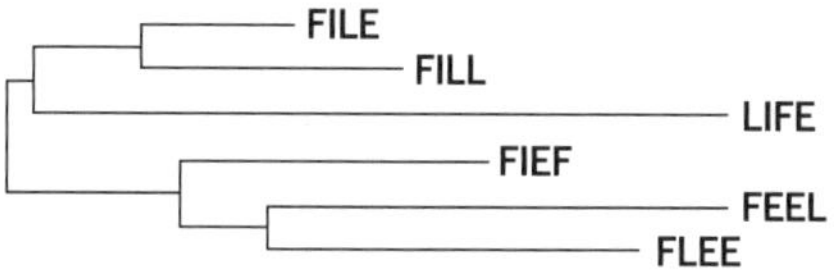

〔C〕最大節約法

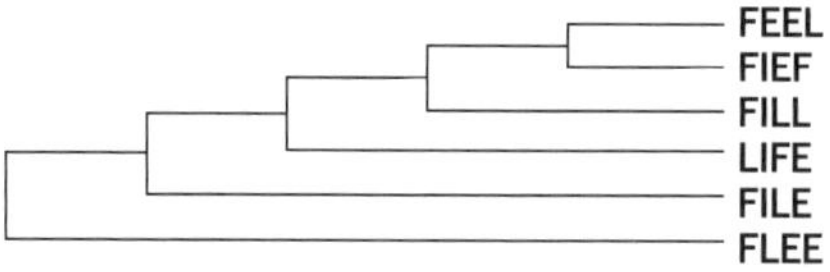

〔D〕最尤法《さいゆうほう》

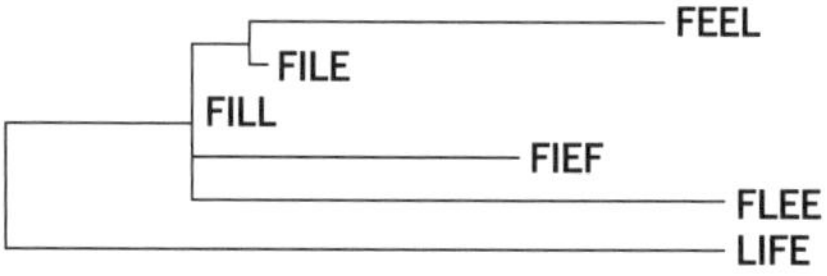

〔E〕近隣結合法

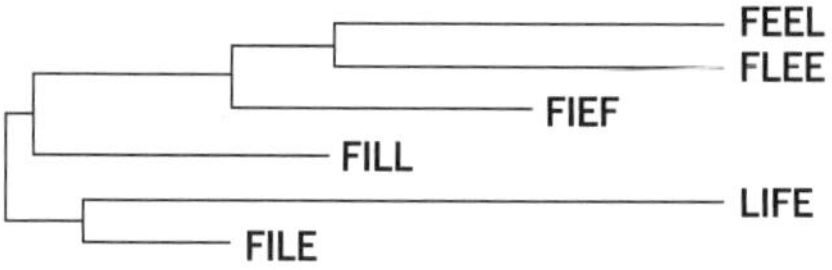

㉖「LIFE」の系統樹②

同じ「LIFE」から「FEEL」までの「進化」の過程を、異なる方法で系統樹に描く。文字数が4つと少ないために、系統樹のあいだの差異が大きくなった。

のFをEに置換してFIEE（これも意味のない文字列）にする。このどれか1文字を適当に置換するとFIEF（領地、封土）とFLEE（逃げる）、そして、FEEE（意味のない文字列）ができる。最後にFEEEをFEEL（感じる）に変えて完成。この過程とそれを表わす「系統樹」を示そう㉕（置き換えた文字に下線を引き、意味のある文字列は太字にしてある）。

ここでひとつ注意を。系統樹の描き方にはいろいろあって、㉕に示したのは非加重結合法という方法で描いた系統樹だ。この他にも最小進化法、最大節約法、最尤法《さいゆうほう》、近隣結合法などの方法で系統樹を描くことができる。それらの系統樹がどれも同じ形というか、同じ傾向性を示していればその結論（系統関係）は信頼できるけど、いつもそうなるとは限らない。今回もそうだったので、ちょっと見てもらおうか㉖。文字列の文字数が4つと少なかったので、今回は系統樹間の一致度が低くなったのだと思う。

いずれにせよ、このようにして系統樹を描くことで、生物間の意外な系統関係が明らかになった例はたくさんある。そのひとつがクジラの起原と進化だ。クジラは偶蹄目《ぐうていもく》（ラクダ、ブタ、ウシ、キリン、カバなど）から分岐したことが日本の研究者によって明らかにされている。一番近いのはカバだ。河に入ったカバのあるものが海に出て、クジラになった。そういうことがDNAの文字列から分かってくる。

これはすべての遺伝子の文字列について言えること。個体発生においては、たとえば、口を作る遺伝子がある。口が貫通して反対側にも口を作る遺伝子がある。体節を作る遺伝子がある。足を作る遺伝子がある。それは個々の生物によってすべて決まっているんだ。遺伝子の文字列全体を書き出して相互に比較すれば、それら遺伝子がいつどんな順番で誕生したかが分かることになる。

突然変異が起きる割合も実はだいたい決まっている。その割合から計算すると、ある遺伝子が何年前にできたのかが分かってしまう。こうした方法――ゲノム解読によるDNA文字列の比較と、試験管の中で実際に受精卵を観察して遺伝子スイッチのオン・オフを見る方法――によって、僕たちは見たこともないのに進化ってものを再現できる。これがエヴォ・デヴォという革新的な方法だ。

8〜9億年前に生物の設計図は出そろった

何度も言うけど、進化は誰も見ていない。見ていないけれども、ある方法をとれば見られる。それがエヴォ・デヴォの威力だ。その結論は恐ろしくて、30いくつかのすべてのボディプランのDNAは「カンブリア大爆発」から約3億年前、つまり、今から8〜

9億年前にはすでにあったっていうの。全部出そろっていた。実はそこから今にいたる8〜9億年間ほど、遺伝子的にはさほど大きな進化はしていないんだ。

——えーーっ！（一同）

ところが、ボディプランが外見に出現したのは今から5・4億年前の「カンブリア大爆発」だね。20世紀まではそれで話は終わっている。8〜9億年前に動物すべてのボディプランの設計図ができ、それが5・4億年前に現実になった理由をいろんな科学者が考えたけれど、決定打は今のところなし。だから今、みんなで考えてみよう。

遺伝子的には8〜9億年前にはすでに"ready to go"（準備万端）なんだよ（笑）。しかし遺伝子の爆発的な多様化が現実化したのはなぜか5・4億年前のカンブリア大爆発のときだった。アノマロカリスとかオパビニアとか、変な生物がいっぱい出現した時代㉗。ところで、どうしてさっき「アノマロカリス」ってつぶやいてたの？

——テストに出ました。

ねぇ、そんなのがテストに出たの？

——アノマロカリスとかオパビニアとか……。

すごい学校だな……。ちなみに「アノマロ」というのは「異常」っていう意味。英語で言うとanomalous。「カリス」は「エビ」。だから、アノマロカリスは「変なエビ」だ(笑)。

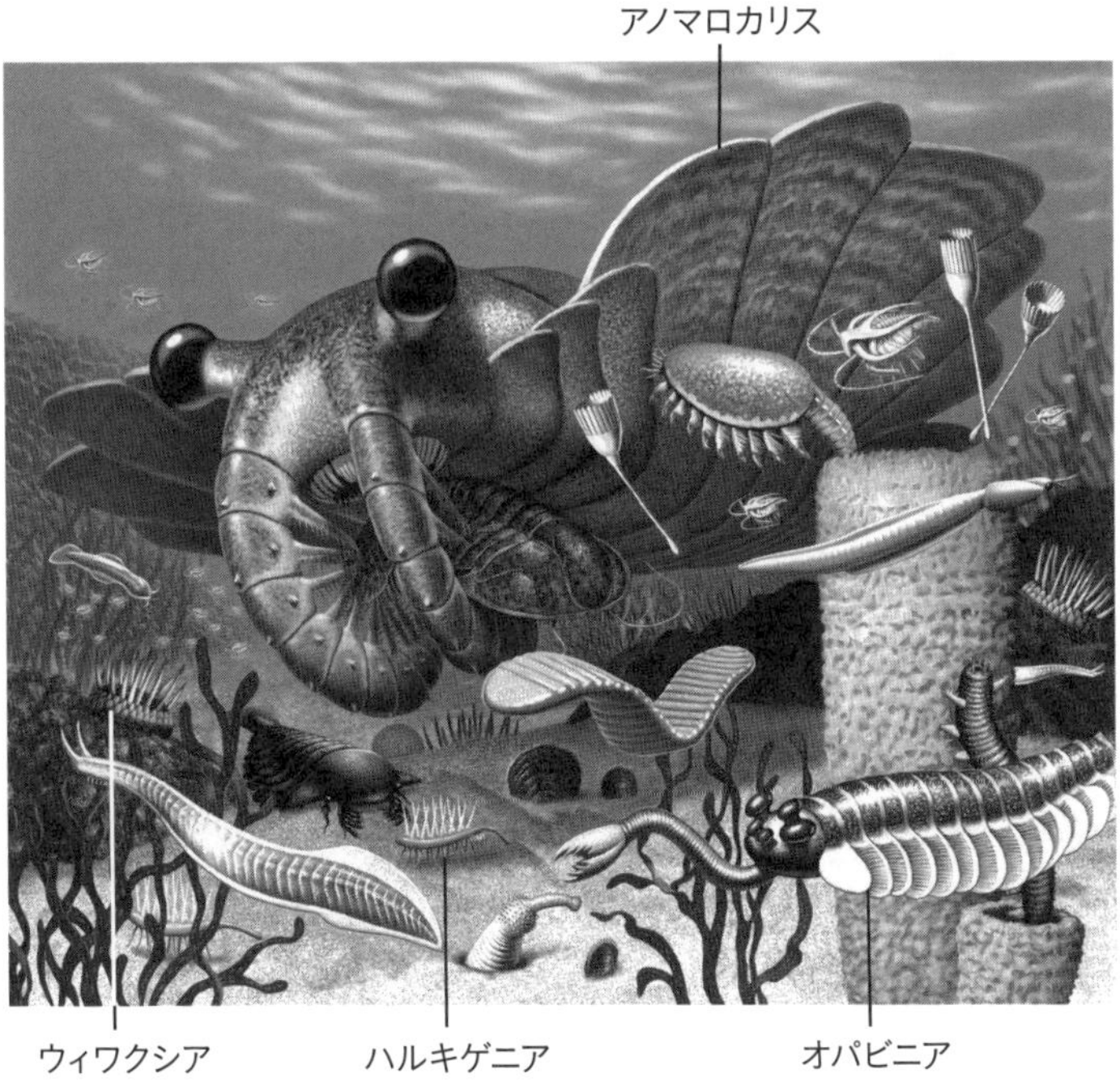

㉗「カンブリア大爆発」の生物たち

カナダ・ロッキー山脈のバージェス頁岩層から発見された化石より推測される、カンブリア紀の生物たち（バージェス動物群）の想像図。アノマロカリスは大きいもので体長１メートルもあった。オパビニアは、ノズルのような器官と５つの目を持つ。

――たしかに……。

カンブリア大爆発の時期の覚え方って知ってる？　さっき5・4億年前と言ったけど、より正確には5億4300万年前だと推定されている。英語で言うと、"five hundred forty three million years ago"だ。"million years ago"っていうのは英語では、しばしばMaと略されることが多い。100万年前という意味だから、「5億4300万年前」は「543Ma」。つまり「ゴ・ヨン・サン・マ」って覚えるんだ（笑）。おしまい。

このゴ・ヨン・サン・マを境にして、まったく世界が変わってしまった。それ以前にも、ボディプランの一斉開花の可能性はあった。でもゴ・ヨン・サン・マで初めて、すべてのボディプランが一気に爆発的に開花して、そのあとは全然進化がないんだよ。そりゃ、いろいろな進化はあったけど、ボディプラン自体には進化がない。むしろ、カンブリア大爆発で生まれたボディプランの多くが失われ、二度と甦《よみがえ》らなかったもののほうが多いかもしれない。アノマロカリスのように。

「カンブリア大爆発」の原因は何か

われわれ人間の遺伝子も、実は8～9億年前の遺伝子のちょっとしたマイナーチェンジにしかすぎない。遺伝子的には8～9億年前とほとんど変わっていないんだ。その証拠になるかどうか分からないんだけど（たぶんならないって思っていたほうが無難だけど）、DNAの文字数はある種のアメーバが約6700億、人間はその200分の1以下、たったの約31億。だから、人間の素晴らしさっていうのはDNAの文字数ではないんだね。まあ、そんなことは置いておいて、いったいゴ・ヨン・サン・マに何があったんだろう？

——酸素が増えた？

酸素ねぇ……その可能性はある。地球上、特に海の中で酸素量は増えたり減ったりするからね。それが影響しているかもしれないな。ちょうどゴ・ヨン・サン・マの少し前に地球全体が凍っているんだ。全球凍結（Snowball Earth）って言うんだけど、地球の海の上に分厚い氷が張って、赤道の辺りでも氷で覆《おお》われたわけ。

すると海と大気とのあいだにガス交換がなくなるから、酸素が減って海がほとんど酸欠状態になったって言われている。何らかの理由でそのスノーボールが溶けて、海の中に酸素が再びダーッと入ってきた。それがカンブリア大爆発の原因ということも考えられなくもないな。

ただ全球凍結が起きたのは5億7000万年前ぐらい前。ゴ・ヨン・サン・マとの

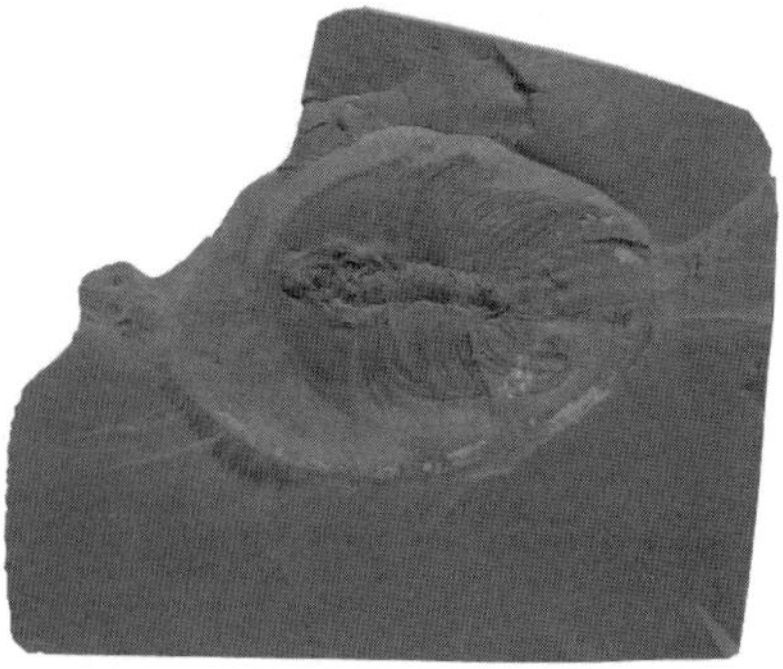

㉘三葉虫の化石
カンブリア紀の三葉虫、オレネルス・フォウレリ（*Olenellus fowleri*）。全長は10㎝ほど。

年代差は３０００万年近くある。もし今が20世紀だったら、そんなものは誤差で済ませていただろうね（笑）。でも、21世紀に入ると研究の精度が非常に高くなって、そんな誤差は認められない。やっぱり３０００万年は大きな差だ。

——恐竜を絶滅させた隕石《いんせき》みたいに、地球外から何かしらの刺激が入った。

うん、はっきりした衝突跡、つまりクレーターが残っていないのでよく分からないけど、たしかに可能性はあるね。

ひとつ面白い話がある。このゴ・ヨン・サン・マに三葉虫《さんようちゅう》という生物が登場した㉘。地球上で初めて眼を持った生き物。これまた獰猛《どうもう》な生き物なんだ。ちょっと想像してみてほしいんだけど、目が見えない他の生物の中に、眼を持っている凶暴な生物が１匹いたらどうなると思う？　みんな食われまくるよね（笑）。

眼の誕生によって体のつくりが顕在化した

実際、それまで地球上にいた単純な形の生物はほとんどこの時点で死に絶えている。一方、これを境にしていろんな複雑な生き物の形が一斉に出現した。これはつまり、ボディプランが初めて表に現れたっていうことなんだ。

想像してみてよ。お互いに目の見えない状況の中では、食う／食われるっていう関係はたまたま遭遇《そうぐう》して食うか食われるかだ。自分の前を何かがふうっと横切った気配がしたら、あっ、何かいるなと思って、バクッと食べる。あるいは食べられる。そんな確率論の世界では、食うほうも食われるほうも体の形は気にしない。たぶんみんな、エアバッグみたいになんとなくブヨブヨした体でも全然困らなかったんだろう。

そういう動物の化石が実際に残っている。カンブリア大爆発より前の時代、約６億年前なんだけど、出土した土地にちなんでエディアカラ動物群とかチェンジャン動物群とか呼ばれているの。そいつらは硬い殻《から》も厚い皮膚《ひふ》もないから化石に残りにくいんだけど、運良く化石になったものを見ると、はっきり化石化した組織というより何かを押しつぶした痕跡（印象）が残っているので、どうもブヨブヨしていたらしいと考えられる。強力な捕食者がいないから、みんな盲目の世界でのんびり暮らしていたんだろうね。

しかし眼をもった三葉虫が出現してからはヤバイ。うかうかしていると食べられてしまう。そこで目の見えない生物たちは、自分の身を守ろうとするわけ。どんな方法をとったと思う？

——体を……トゲにする？

——獲物をよく捕えられるように牙《きば》を生やす？

そうだね。オパビニアや、ウィワクシア。あとハルキゲニアとかね。

——ああ、あの上下がどっちか分かんないやつ……。

こういった変な生き物も、それまではブヨブヨしていたんだよ。でも三葉虫が現れてヤバイっていうんで、体の外側を硬くした。いや、こんな目的論じゃいけないね。突然変異でたまたま皮膚の表面が硬くなったり、体表の突起がさらに尖《とが》ってトゲになったりした個体がよりよく生存し、より多くの子孫を残せた。

それまでは、そんな硬い皮膚やトゲを作るのに余計なエネルギーを割《さ》くほうが損だったけど、もはや損が得に逆転するように世界が変わったんだ。その結果、どの門の動物も体表を硬くし始めた。そして、それまで体内に隠れていたボディプランが体の外側にどんどん表面化した。単にブヨブヨしていた体が硬くなったり、動きが素早くなったりするには、それなりの形になる必要があるよね。その形はすでに決まっていて“ready to go”だった。つまり、存在するが潜在していた遺伝子の可能性が一気に花開き、生物のボディプランと細かいところの形態は百花繚乱《ひゃっかりょうらん》の状態になった。これがカンブリア大爆発だと言われている。

体を硬くしたはいいけど、うまく動けない、泳げないといった不都合も出てくるので、環境に適合しない生物はどんどん死んでいっただろう。あるいは三葉虫だって進化するんだから、それに追いつけない生物はやっぱり食い殺される。そういった壮大ないたちごっこを通じて、いまの地球上の生き物を形づくるボディプランが出そろってきたんだね。

すべては眼から始まっている。世界がシャープな像を結んだのは今から5億4300万年前だった。三葉虫出現の以前と以後では、まったく世界が違う。こんな単純なことが言われだしたのは、それこそ今世紀に入ってからなんだよね（アンドリュー・パーカー『眼の誕生――カンブリア紀大進化の謎を解く』渡辺政隆・今西康子訳、草思社、2006年）。いま聞くと「なんだ、当たり前じゃん」と思うかもしれないくらい単純明快な「コロンブスの卵」みたいな話。

植物はいとも簡単に作れてしまう

今までは動物の話。植物の体のつくりもまたボディプランと言ってよいのかちょっと分からないけど、とりあえず、ボディプランと呼ばせてもらいます。花が咲く種子植物のボディプランは、根と茎《くき》と葉と花。花がないのはシダ類、花も茎もないのはコケ類、花も茎も根もないのは藻類《そうるい》のボディプランという感じ。残ったのは葉ないし葉状体《ようじょうたい》。

ドイツの文豪《ぶんごう》、ゲーテは知っているよね。ゲーテは実は科学者でもあって、植物のボディプランについて「すべては葉である」と言ったんだ。だから、植物は葉が基本だ。ゲーテはもうひとつ「植物は基本単位の繰り返しでできている」とも言った。それについて詳しく考えてみようか。

動物のボディプランが遺伝子や発生で説明がつくように、植物のボディプランも遺伝子が決めているはずだ。根になる遺伝子、茎になる遺伝子、葉になる遺伝子、花になる遺伝子。植物の場合、その体はコンピュータ・グラフィックスのシミュレーションによってそっくりに作ることができる。でも、植物自身がコンピュータ・シミュレーションしているわけではない。では、植物はどうやって自分の体を実現しているのだろう。

言い換えると、人間は「植物を作るプログラム」を作れるんだけど、植物はそんなプログラムのことを知らない。それなのに、どうして植物はそのプログラムを実現しているんだろう。これからはそんな話題に入っていこう。

「デジタルライフ」って昨日言ったよね。これによく似た意味の、“A-Life”っていう言葉がある。Artificial Life（アーティフィシャル・ライフ）、つまり「人工生命」と聞くとまずロボットを思いつくかもしれないけれども、とりあえずA-Lifeは人為的に作られた生命のことだ。今はいろんな意味に使われるけどデジタルライフと同じ意味だと思ってもらっていい。

植物の体を再現するルールは、俗に「Ｌ-システム」って言う。まずは動画をいくつか見てもらおうかな㉙。

――なんだか枝みたいなパターンがいくつも出てくる。

なんとなく植物っぽいでしょ？　実はこれはすべて、ひとつの簡単な数式からできているんだ。画面左上にある式の変数（パラメータ）を変えると、それにしたがって植物のいろんな形が出現する。この曲線㉚Aに見覚えはある？

――海草みたい。

うん。これも同じ数式のパラメータを変えたもの。「コッホ曲線」って呼ばれている。

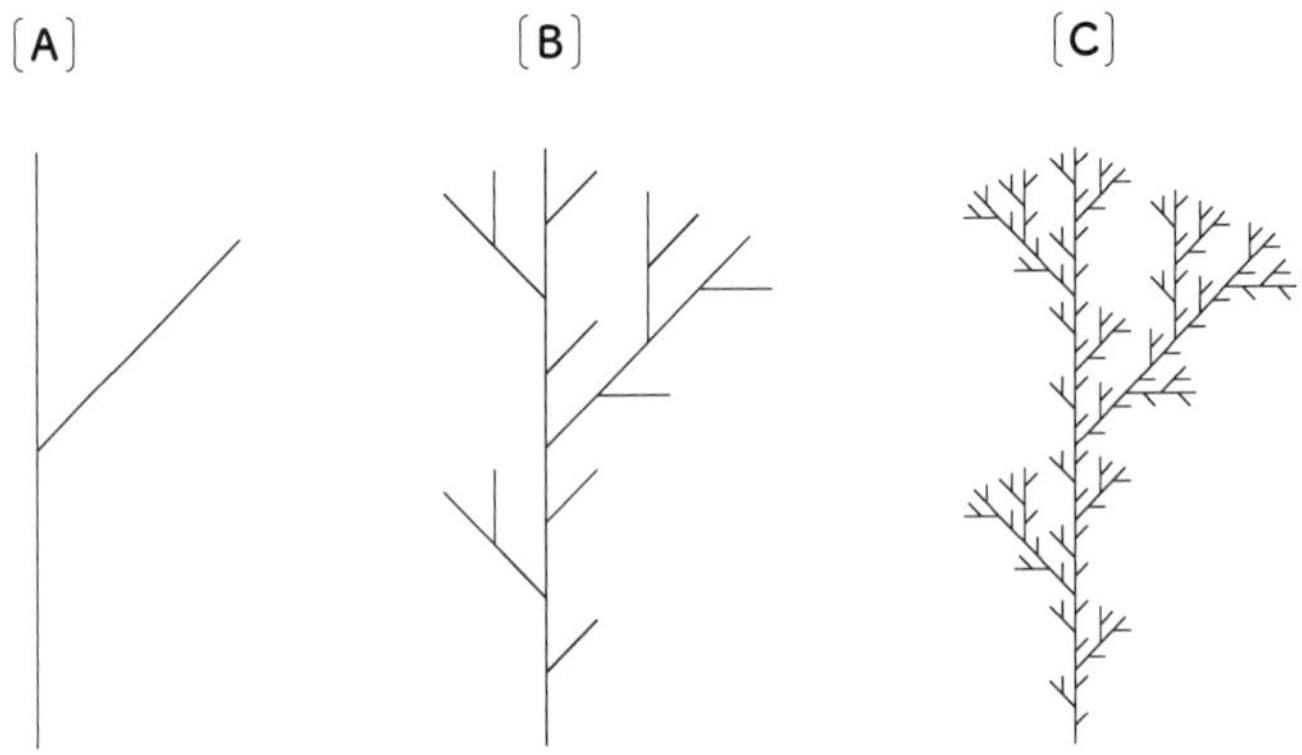

㉙L-システムで作られる植物

L-システムで表わされるひとつの数式（関数：f>g[*g]g,g>f[-f]f,*>*,->-,[>[,]>]）。その変数を変えていく。最初は、分岐した枝は1つしかない〔A〕。フラクタルにしたがって、同じ操作を3回繰り返し〔B〕、5回繰り返すと、だんだんと木の枝らしくなってくる〔C〕。
〔動画〕http://www.youtube.com/watch?v=-MYligSpeoA © Markus Glatz flexdesign.at

〔A〕

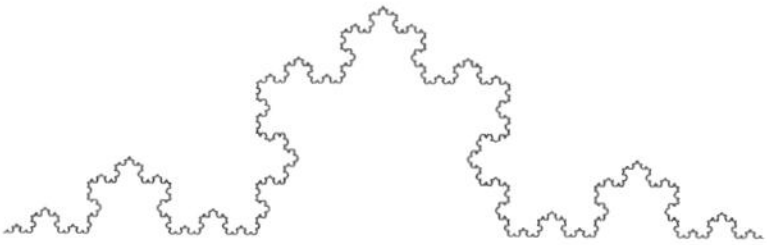

〔B〕

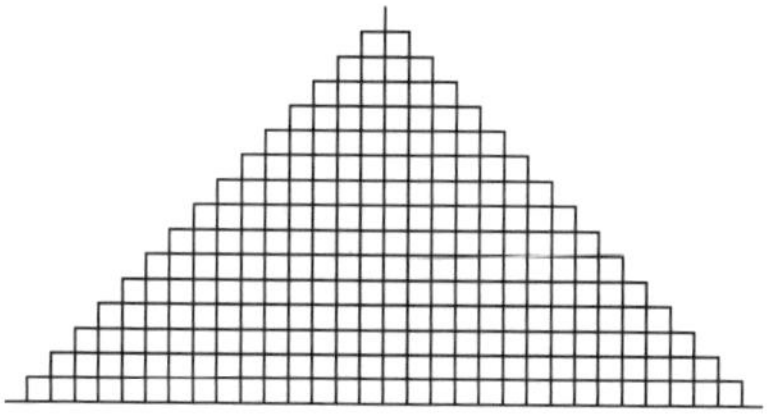

㉚コッホ曲線

図形のどの部分を拡大しても全体と同じになる、自己相似図形の典型例〔A〕。同じ数式で、操作の繰り返し回数は同じまま、線分同士がなす角度を（60度から90度に）変えると〔B〕の図形ができる。
〔動画〕 http://www.youtube.com/watch?v=-MYligSpeoA © Markus Glatz flexdesign.at

いま似たような形が途中でいくつか出てきたよね。これがコッホ曲線1だとしたら、あと2つある。

――同じ形が何度も出てくる……。

そう、三角形の部分にまた同じような三角形を作って繰り返す。どこまでいっても徹底的に相似形《そうじけい》。最終的には、こんな大きな三角形になってしまった㉚B。コッホ曲線はフラクタルの典型的な例だね。どんなことか知ってるかな?

――自己再帰性。部分が全体で、全体が部分。

そう、よく見ると部分が全体と同じなんだね。非常に単純なパターンを繰り返すことで、とても複雑な図形が作れる。だけど本質は、同じことを繰り返すっていうことだけだ。

さっきの動画で見たように、コッホ曲線と樹木のパターンは連続している。同じ数式でパラメータが違うだけ。樹木の形もフラクタルなんだ。要はとても簡単な数式ひとつで植物はいとも簡単に作れてしまう。これが言いたかった。

ただ、それは植物の外見のことで、植物の内部構造にまでL-システムが及んでいるかどうかは分からない。いや、分からないというより、植物の内部構造は(僕は専門家じゃないから言うけど)さほど複雑ではない。複雑なのは動物だ。

たとえば、人間の内部構造である血管系、これもまたL-システムでできているという話がある。もちろん、動脈や静脈といった太い血管はボディプランにしたがうのだろうけど、末梢《まっしょう》の血管はL-システムで作られるらしい。つまり、大まかなボディプランを決める遺伝子と数理的(数学・物理的)なL-システム、この2つが生命のカタチを作るのだろう(ただし、L-システムは生成文法であり、遺伝子とは異なる)。

末梢の血管ではガス交換(酸素と二酸化炭素の交換)をするので、表面積が広いほうがいい。しかし、体という限られた体積を血管だらけにするわけにもいかない。そこで血管は、有限の体積の中に無限の表面積を持つ「メンガーのスポンジ」というフラクタル構造に似てくる。これを作るのもまたL-システムってこと。

L-システムのソフトはもう普通に売っていて、ダウンロードもできる。カチャカチ

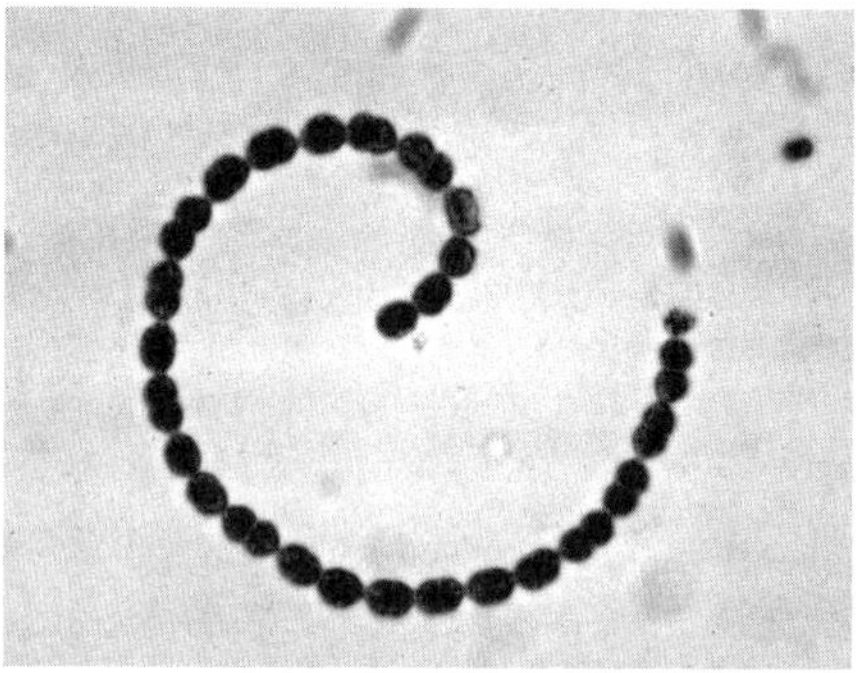

㉛アナベナ
ネンジュモ科・アナベナ属の一種、アナベナ・フロスアクア（*Anabaena flos-aquae*）。数珠のように大小の丸い細胞で構成されている。 © US EPA, Great Lakes National Program Office

ャとパラメータを変えると、樹木だけでなく面白いパターンがたくさん作れるのでみんなもやってみてほしい。

L-システムは実在する生命のルール

驚くべきことにL-システムは実際の生き物にも対応している。アナベナっていう生き物を知っているかな？㉛ 実在する生物だよ。地球の歴史で最初に酸素を発生させた生き物、シアノバクテリア（ラン藻類）の一種だ。今でも海や湖で「アオコ」（青粉）といってある種のラン藻が大量発生して困るけど、アナベナはその仲間。

アナベナは「ネンジュモ科」に属してい

る。「念珠藻」という名のとおり（「念珠」は「数珠《じゅず》」のこと）このアナベナをよく見ると、いくつかの丸い細胞が数珠のように連なった形をしている。変わった形だ。

アナベナの細胞の並び方を不思議に思った人がいる。ハンガリーのアリステッド・リンデンマイヤー（１９２５～１９８９）という研究者だ。リンデンマイヤーがこの細胞の並び方を説明するためにひとつの式（ルール）を考えた。これがＬ－システム。リンデンマイヤーの「Ｌ」を取って名づけられた。

これからは非常に数学的（デジタル）な話に踏み入っていくけど、重要なのは、話の発端はアナベナという実在する生き物だっていうこと。架空の話じゃない。実際の生き物に根ざしているんだ。

アナベナの細胞の並びは一見ランダムに見える。でも、そこにはちゃんとルールがあるんだ。リンデンマイヤーが行なったのとまったく同じ方法を再現しよう。もうすぐ出版される僕の本『形態の生命誌』（新潮社）にも書いたから、ちょっと読んでみて。

彼のルールは簡単だ。大きい細胞を○、小さい細胞を●という記号で表わして、そのルールを書くと「はじめに○ありき」、「○は分裂して○●になる」、「●は大きくなって○になる」。後はこれを何度も回せばよい。たったこれだけのルールでアナベナの栄養細胞の並び方が再現できるのだ。回した数を「n」と記して、試しにやってみよう。

オセロでＬ-システムを体感する

さっそくやってみよう。ここにオセロを持ってきました。白と黒のコマをアナベナの細胞に見立てるといいんだね。まあ、実際には○は大きい細胞で、●は小さい細胞を代表しているんだけど。「はじめに○ありき」。まず○をここに置きました。君、ちょっとやってみてくれる？

——は、はい。

そう、1回目。はじめの○は、まず○と●になる。2回目は、また○が新たに○と●になって……

——1回目の●は○になる。

そうそう、3回目は同じことをもう1度繰り返して……。けっこう大変だよね。ああ、もうスペースがないから、これでおしまい㉜。よくできました〔拍手〕。

ひとつのルールで同じことを5回繰り返して、こうなった。驚くべきことに、これがアナベナの実際の大小の細胞の並びとそっくりなんだ。単純なことの繰り返し。Lーシステムという秘密を知ったリンデンマイヤーは、この法則を他のいろんなものにも応用してみようと思った。

Lーシステムは、数式で定式化できる。ちょっと難しく見えるけど書き出してみよう。

G＝{V・S・ω・P}

V：A・B

S：なし

ω：A

P：(A→AB)・(B→A)

難しそうに見えるけど、基本的には今のオセロと同じ。「○が分裂して○と●になる」「●は○になる」ということだけだ。この式ひとつで複雑なことがたくさん可能になる。

Vは「要素にAとBとの2つがある」ってこと。オセロだと○がAで●がBにあたる。

Sは定数だ。今は無視しよう。ωは「最初はAから始まる」、つまり○からスタートと

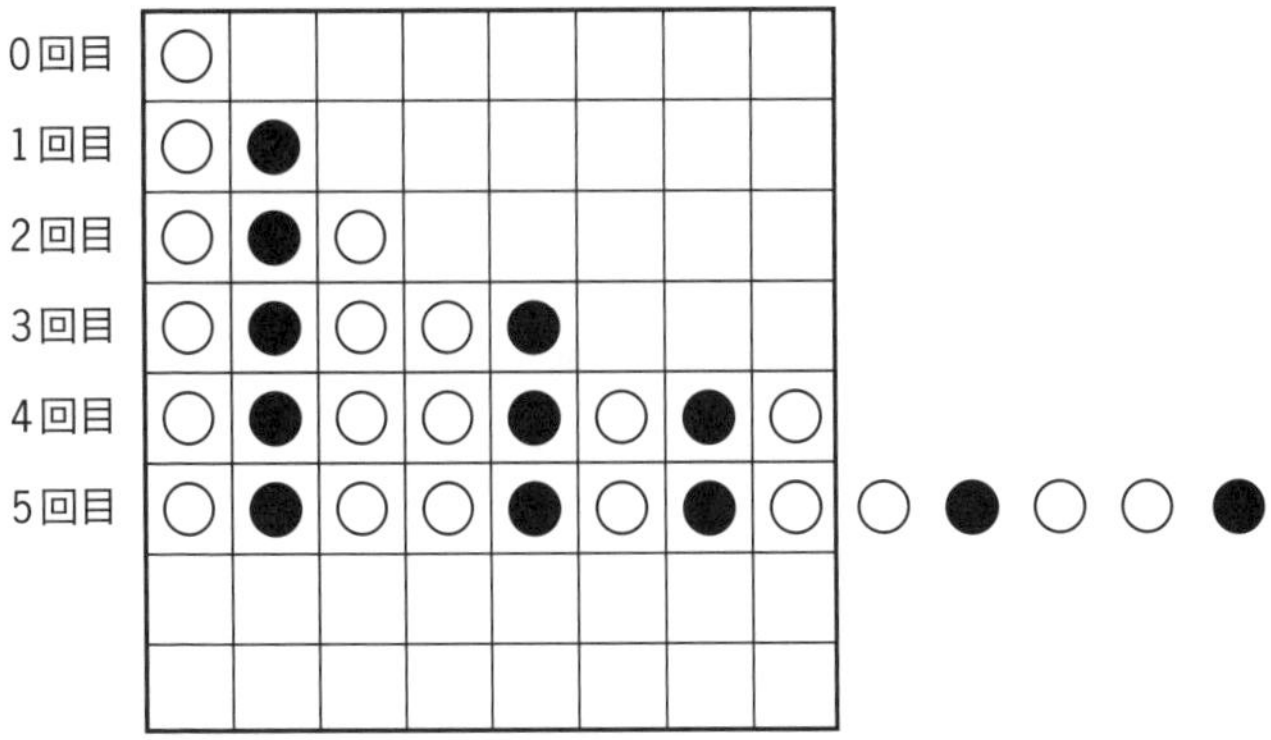

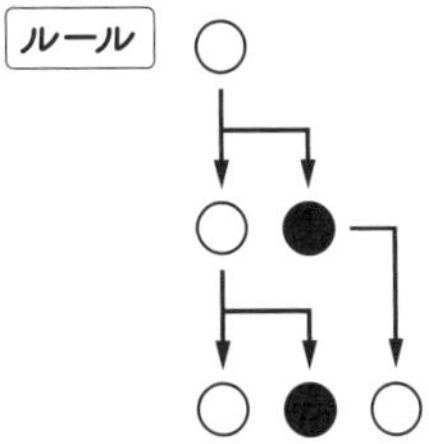

㉜L-システムのオセロゲーム

ルールはいたって単純。①「はじめに○ありき」、②「○は分裂して○●になる」、③「●は大きくなって○になる」。この操作を5回繰り返しただけでも、ある構造がはっきり浮かび上がってくる。文字列を同じルールで書き換えていく、というのがポイント。

いう意味。Pは「AはAとBになる」「BはAになる」。つまり、○→○●、●→○という、ルールの本体に相当する。これだけで終わり。

——単純すぎる……。

ほんと。昨日「自分の考えていることを実現してくれる能力があったらいいな」って言っていたのは君かな？「アナベナ細胞の並びを再現するルールがほしい」って願ったら、このLｰシステムがポンと出てくると思うよ。

今は要素（V）にAとBの2つしかないけど、Cがあっても構わない。そうすれば数式はより複雑になるけど、根本は変わらない。そしてもうひとつ。さっきのオセロゲームでは「A（○）がAB（○●）に」「B（●）はA（○）に」という作業が同時だった。つまり同じ周期。もしもどっちかの作業が2回に1回だったらどうなる？ もっとややこしくなるよね。

これがまさに定数（S）の部分だ。定数が1であれば周期は同じなんだけど、定数を0・9とか1・3にした途端に周期はずれて複雑になる。初期値（ω）だって、Bから始めてみたり、ABから始めてみたり、好き勝手は可能だ。

もちろん、ルールの本体（P）もいくらでも改変可能だ。こんな矢印なんて、どうにでも変えられる。こうしてパラメータをいろいろと変えれば、Lｰシステムによってありとあらゆるパターンが作れてしまうんだ。

そうすると、ある特定のケースのときだけむちゃくちゃ面白い形が出現する。生命っぽい形が生まれ、生命っぽい動きが急に始まるんだ。複雑系、カオス理論の研究領域に入ってくる。

僕にとってオセロゲームがつまらないのは、相手が次の一手を打つまで白黒のコマはそのまま止まってしまうことだ。L-システムのルールでは、白黒のコマは勝手に増えていく。勝手に増えつつ、勝手にパターンを作っていく。そこが面白いんだ。

自然界の神秘のナンバーもL-システム

これがL-システムの概要なんだけど、もう少しその威力を見てみよう。「フィボナッチ数列」って聞いたことあるかな。

——1＋1＝2，1＋2＝3，2＋3＝5って、数字を前の数字に足してどんどん増えていくやつ。

おお、よく知っているな。この数式も生物に反映されているのは知ってる?

——あ、何かウサギの絵で見たことがある。

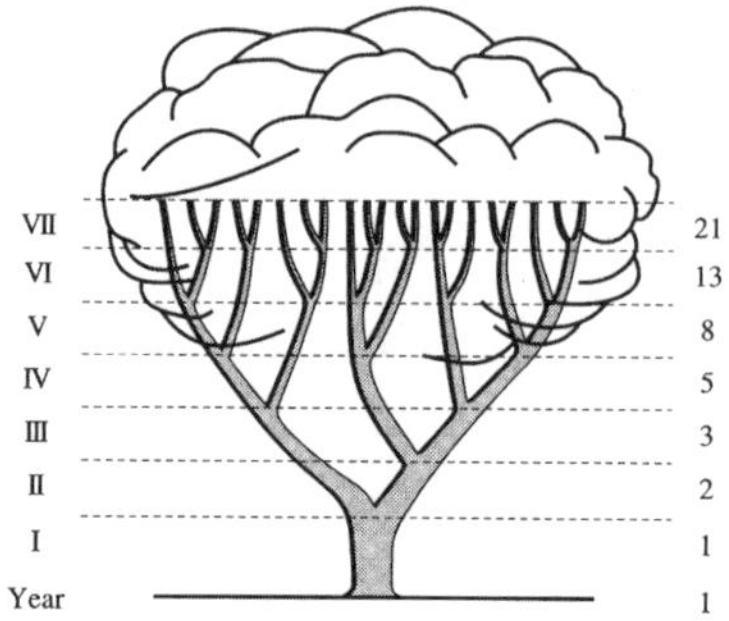

㉝フィボナッチ数列の木

①「はじめに1ありき」、②「太い幹は2つに枝分かれする」、③「枝分かれした細い幹は1年後に2つに枝分かれする」。このルールを繰り返すと、1年目に1本だった幹は、5年目には8本となり、1, 1, 2, 3, 5, 8, 11……というフィボナッチ数列が得られる。

佐藤修一『自然にひそむ数学』（講談社ブルーバックス、1998年）より

そう、ウサギの子供の増え方、ひまわりの真ん中にある小さな花（一見種に見えるもの。フローレットと言う）の付き方もフィボナッチ数列で表わせる。それから、松かさの実やパイナップル。あとはオウム貝の殻の巻き方。生物界のいろんなものがフィボナッチ数列に基づいているんだ㉝。

実はフィボナッチ数列でさえも、Lーシステムで表わされる。生物界における「神秘のナンバー」もLーシステムの一部にすぎないんだ。だからLーシステムさえ学んでしまえば、フィボナッチ数列も、フラクタルも包摂《ほうせつ》できてしまう。

最近ではこんな動画もあるから、まずは見てみて㉞。

——おー。木ができあがっていく。

〔A〕

〔B〕

㉞背景までもがＬ-システム
驚くべきことに、大地も空を流れる雲も、すべて同じひとつの数理モデルでできている。
〔動画〕http://www.youtube.com/watch?v=69QWy0EGkjo

もちろんこれもＬ-システムでできている。どう見ても本物っぽい。でも、もう一度よーく見てほしい。この動画がヤバイのは木だけでなく、背景もすべてプログラム（Ｌ-システム）で作ったコンピュータ・グラフィックス（ＣＧ）だってところ。

――え――っ!!

野原も雲も、全部ＣＧで作られている。これが示唆することは何だろう？　自然界っていうのは結局全部Ｌ-システムでできてしまうんじゃないか、ってことだ。ＣＧの世界では、もう自然が作られている。

さっき「植物は基本単位の繰り返しでできている」と言ったよね。だから、Ｌ-システムで何かのパターンを作り、それをフラクタルにすることで、いかにも植物らしい形を作ることができる。こういう表現方法をフラクタルにちなんで「グラフタル」と言うんだ。これで、本物そっくりの、いや、本物より本物らしい木や草花のCGを作れるようになった。

生命は知らず知らず、数式を現実化している

「自然の作り方」には方法がいくつかある。たとえば、晴天の野原にそびえる樹木の写真を実際に撮って、それを全部デジタル化して3D再生する。これはあり得る方法だ。でも情報量が多すぎて膨大《ぼうだい》なメモリが必要になる。昔の写真（銀塩《ぎんえん》写真）だと画素数が1億ピクセル以上。デジカメの画素数もそれに近づいているね。そんな写真を何枚も取り込んで3Dにしてグルグル回転させるような話は、いまのコンピュータにはキツい。でも、いま再生した動画はすべて数行の式でできている。簡単なプログラムを動かして本物っぽく全画面を「疑似自然」で埋め尽くせる。コンピュータにとってどっちが効率がよいかは明らかだ。

いまや僕たちは、L-システムによって自然界をうまくシミュレートする、ものすごい技術を手にしている。特異点に向かってものすごい勢いで進んでいるんだ。でも不思

議だ。樹木はどうして、あんなふうに枝葉を伸ばすんだろう。オウム貝はどうして、L－システムを知っているかのように振る舞うんだろう。彼らは知らないはずなんだ。

　樹木はセルロースで、オウム貝は炭酸カルシウムでできている。どちらもリアルな物質だ。それらを素材にして彼らはどうやってL－システムに基づいて形を形成するのか。いま僕たちが直面している大きな問題はこれだ。数学的なものと物質的なものはいかにして折り合うか。でもそんなことは、生命はみんな知らず知らずのうちにやっているんだよ。なぜだろう。これは21世紀のバイオロジーに残された、一番面白い問題のひとつだ。

生命っぽい動きをする油の滴

　数学の世界（デジタルライフ）と物質の世界を結びつける試みは現実に始まっている。東京大学の池上高志という研究者。僕と同い年です。

　この研究室のテーマも「生命とは何か」だ。生命的な振る舞い、生命っぽい動きに生命の本質を見ようと探究している。コンピュータ上のシミュレーション実験を武器に、ロボティックス（ロボット工学）も行なってきた。まさにデジタルライフの実験だね。

　彼は化学実験を行なって生命の研究をすると宣言した。簡単に言うと、自分で動く油

〔A〕　〔B〕

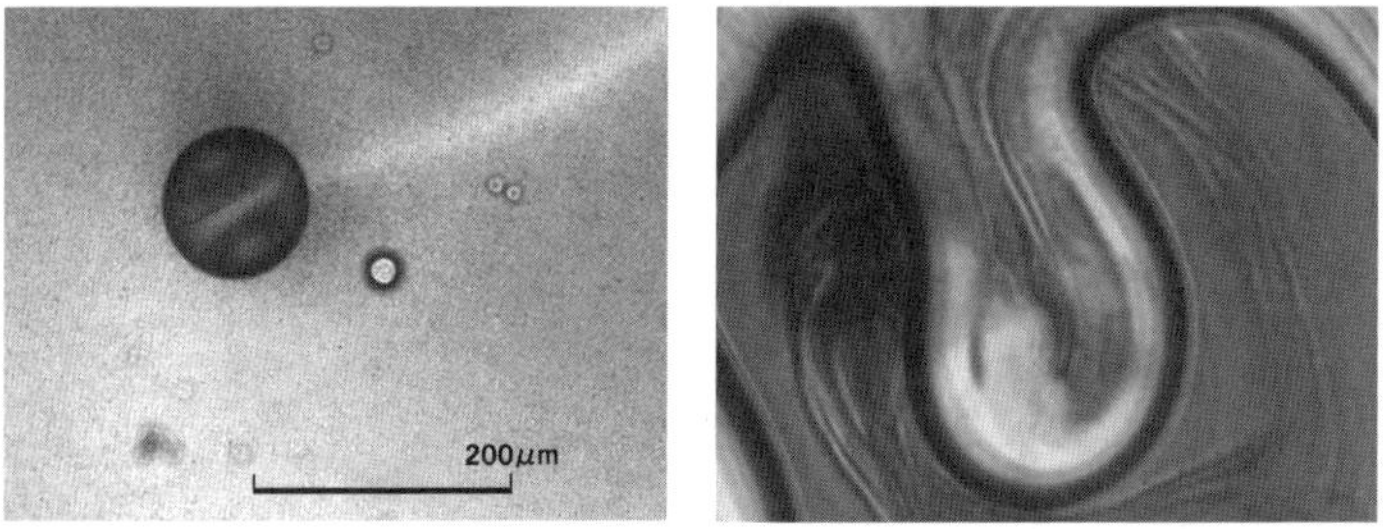

㉟動く油滴①

〔A〕流星のように、尾のようなものをひいて動く油滴。内部に対流が見える。
〔B〕油滴の拡大図。対流のような大きな「うねり」が見える。
© 池上高志

の滴《しずく》を作って、生命の起原を定める試みだ。「2010年からは新しい人工生命の研究を始める予定です」って、池上ラボのウェブサイトにも書いてある。とても面白い立ち位置に彼はいるんだ。

　まずはその油滴を動画で見てもらおう。池上さんが作ったケミカルライフ(化学生命)だ。

　これがその動く油滴。油の滴が周りから資源を集めつつ、どんどん進んでいく様子が見えるね㉟A。よく見ると、油滴の後ろのほうに何かある。もう1回見せよう。ここにはないけど、分裂することもある。油滴の片側についてくるひょろひょろと長いもの、これは尾っぽなんだ。生命っぽく見えるだろうか。

㊱動く油滴②
油滴の頭部で反応が起こり、内部に対流を起こして運動を開始。
© 池上高志

これ㉟Bはさっきの油滴の拡大図。中でグニュグニュと動いている対流のようなものが見えると思う。伸びるだけでなかなか油滴になってくれないなあ。くびれがちょん切れると油滴として動き始めるんだけどね。あっ、ここはもうすぐ分離しそうな感じだ。

これ㊱は油滴の一部から何か変なものが捨てられているシーン。油滴の表面から何かダーッと出てきているよね。油滴の表面の頭のほうで化学反応が起こり、内部に対流が生まれて進んでいくんだ。あ、動き始めたね。これは生命っぽい気がしないでもないけど、どうだろう？

——なんとなく……。

さて、次の動画㊲はシミュレーションで

油滴の動きを再現したもの。油滴の化学反応式のパラメータをいろいろ変えながら、パソコン上で動かした。いくつか点を決めて、その各点で反応を計算させたんだね。膜内で何か反応が起きて対流が生じ一方向に動く。その一連の流れだ。

実際の世界ではこの点の間隔がもっと緻密《ちみつ》だよね。だから、本当はこの点をもっと細かく取っていけば、より正確なシミュレーションができるんだけど、今のパソコンの性能では負荷が大きい。話を聞くと、この動画の計算式を作るだけでも大変だったみたいだからね。いずれにせよ、油滴の動きはデジタルで再現できるんだ。

目の前の「これ」がどうして生命だと言えるのか

池上さんがある日僕のところに来てこう問いかけた。「宇宙に行って生命を見つけた。でも『これは生命だ』ってどうして言えるのか」。

これを裏返して言うと「何か見つけたんだけど、『これは生命ではない』って言った場合に、その根拠は何か」という問題になる。昨日は地球がどうして生命でないのかを考えたけど、要するにこの問題は生命の本質は何かということを問いかけている。彼は僕と問題意識が似ているわけ。

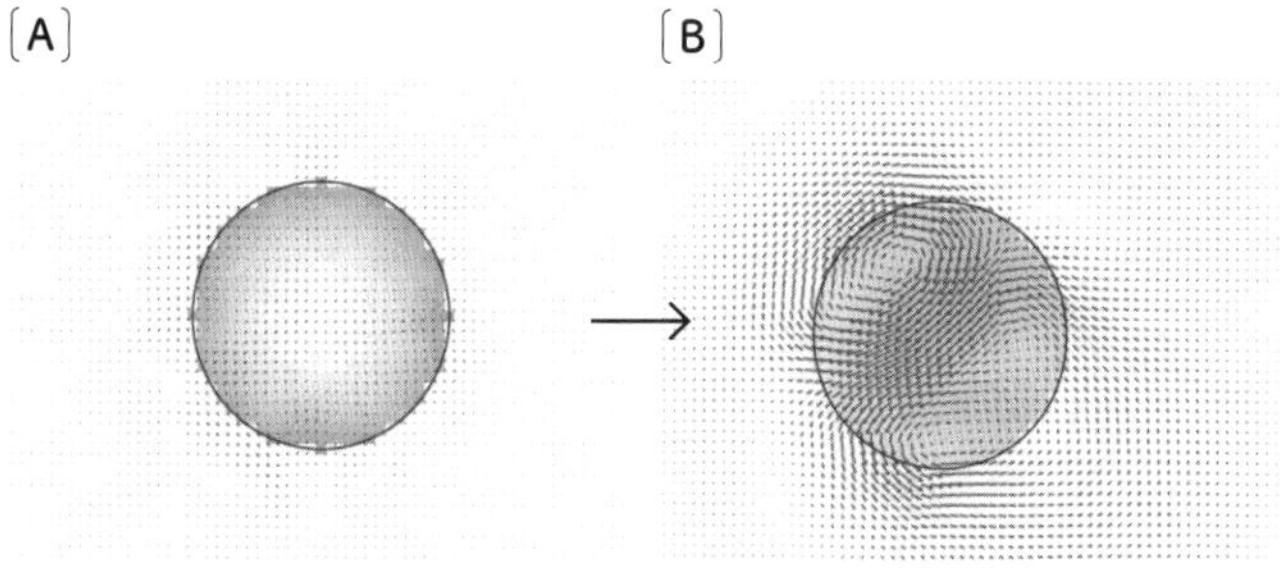

㊲動く油滴のシミュレーション

油滴の動きをコンピュータ上に再現したもの。各ドットの地点の反応を計算しシミュレートすると〔A〕、次第に対流が生まれ（それぞれの小さな矢印）、油滴は左下に動き始める〔B〕。

さて、さっきの「動く油滴」は果たして生命だろうか。油滴は数10ミクロンから1ミリメートルくらいと小さいので、顕微鏡で覗《のぞ》く。スライドガラスの中に特殊な液と水を入れて、そこに油の滴を垂らして顕微鏡で見ると、さっきの動画のように見えるんだ。

では、油滴が動く仕組みを説明しよう。まず、油滴の原料は無水オレイン酸。それが有機《ゆうき》溶媒《ようばい》（ニトロベンゼン）に溶かしてあるから、アルカリ性の高い水の中で自己集合して油滴になる。油滴の表面は水と接触しているので、そこで無水オレイン酸は加水分解《かすいぶんかい》してオレイン酸になる。オレイン酸って名前は聞いたことがあるかな？　食用油にもよく入っている普通の油だ。オレイン酸はアルカリ水溶液で膜を作ることが知られていた。だから、この油滴の表面ではどんどん膜ができていく。

油滴の表面全体を膜が覆ったらもうオシマイかと思ったら、なんとそれでも膜は作られ続ける。そうすると表面に膜がどんどん溜まっていくでしょ。その皺《しわ》みたいなのが一ヵ所に集まって、ヒョロヒョロと伸びていく、というか捨てられていく。

ちなみにこの実験の条件下では実際の生物は棲めない。たとえば、この水溶液はpH（ペーハー。水素イオン指数。酸性・アルカリ性の程度を表わす）が11という超アルカリ性なので、普通の生物は生きられない。それから、油滴の有機溶媒、ニトロベンゼンもまた生物には毒なんだ。まあ水溶液のpHが11という超アルカリ性であることと、ニトロベンゼンという危険な液体を扱うことに注意すれば、みなさんも学校の化学実験室で「動く油滴」を作れるんじゃないかな。

油滴を動かす不思議な対流――マランゴニ対流

油滴の膜の内部は対流をともなっている。ふつう対流っていうと、熱対流でしょ。温かいところと冷たいところ、温度差によって生じる液体の流動現象だ。でもこの油滴内の対流は熱によるものじゃない。「マランゴニ対流」と言うもの。

マランゴニ対流とは表面張力《ひょうめんちょうりょく》の変化によって起こる対流のこと。はじめのうちは油滴の表面のあちこちで膜ができていたよね。でも、表面全体が膜で覆われると、ある一点から余剰の膜を捨てるようになり、その反対側の点で膜を作るようになる。膜ができるほうでは無水オレイン酸が供給されるわけだから、内から外（表面）に向けての流れがある。そこでは、あたかも油滴の内部が外側に膨《ふく》れるような感じだから、表面張力が弱くなるよね。

逆に、膜を捨てるほうでは膜が集まってきて皺が縮むみたいになるから、膜がギュッと圧縮される感じで、表面張力は強いでしょ。そういう表面張力の差がマランゴニ対流を起こす。この対流運動によって力が働き、油滴が動くんだ㊳。

大人になってワインを飲むと分かるけど、ワインが液面からグラスの内側を上っていく「ワインの涙」って呼ばれている現象がある。あるところまで上ったら下に向かうんだけど、これもマランゴニ対流だ。きれいなワイングラスでしか見られない現象だよ。よく洗っていないと表面張力の効果が発揮できないんだ。

さて、これで「動く油滴」の仕組みを説明した。ここでは化学反応のみで生命っぽい動きが生じていることが分かったかな。動画を見るとなんだか生物っぽかったよね。

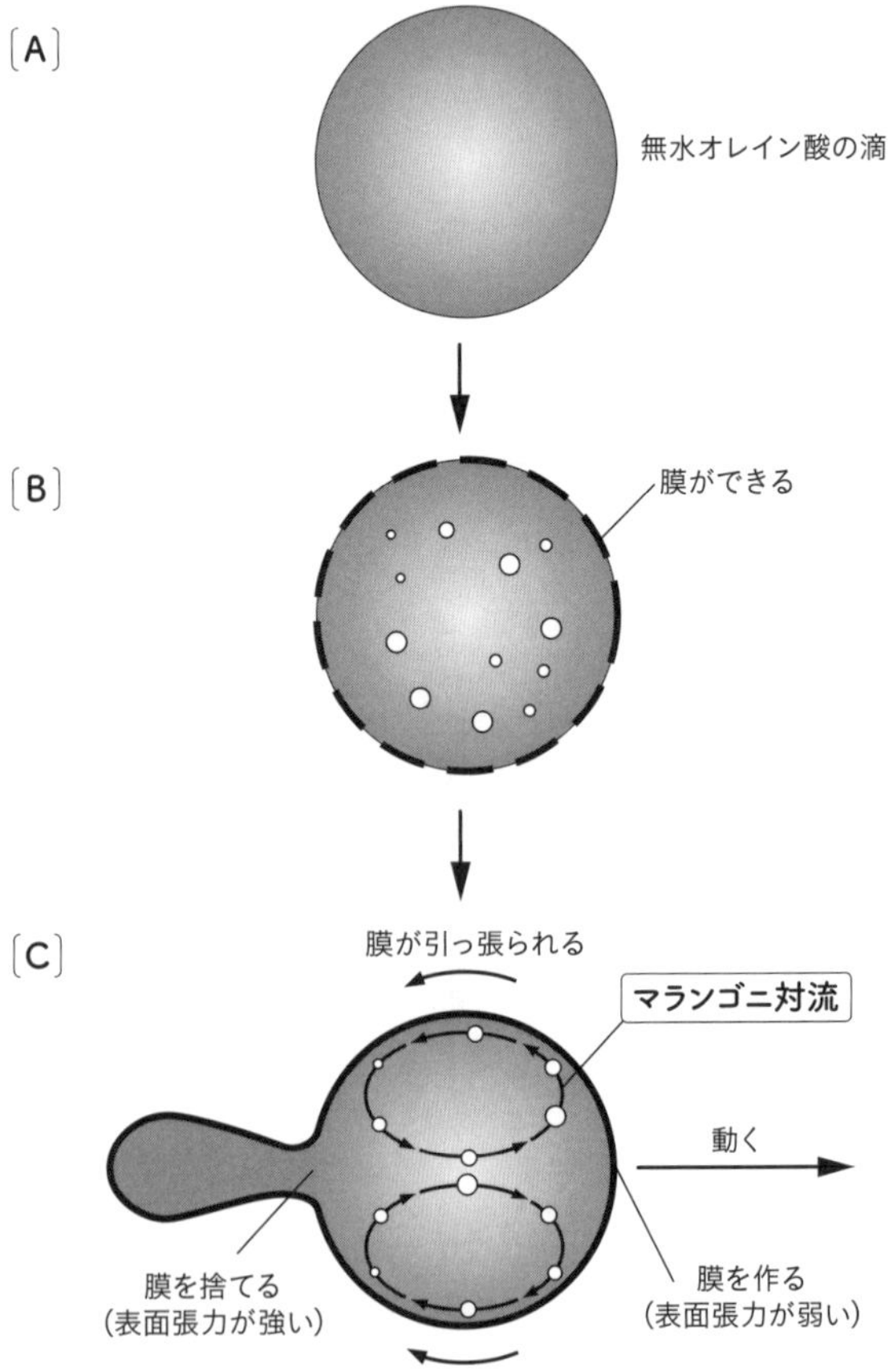

㊳油滴が動く仕組み（マランゴニ対流）

無水オレイン酸の滴〔A〕が水と反応し、滴の表面に膜ができ始める〔B〕。膜は1ヵ所でとめどなく作られ、反対側でどんどん捨てられていく。この変化は表面張力の差となって現れ、油滴の内部で対流（マランゴニ対流）が生まれる。油滴は方向性を持って動き出す。

Hanczyc, Toyota, Ikegami, Packard, Sugawara, Fatty acid chemistry at the oil-water interface: self-propelled oil droplets. *JACS* 129:9386-9391, 2007をもとに作図

さらに言えば、油滴は大きくなると分裂する。油滴のサイズと表面積の比っていうのかな、あるサイズまで大きくなっちゃうと表面張力で自分をひとつにまとめきれなくなって、分裂しちゃうんだよ。まあ、生物の能動的な分裂とは違って、油滴の場合は受動的な分裂とも言えるけど、分裂するという現象そのものは生物っぽいと思えないかな。

自分で原料物質を取り入れては捨てる。つまり代謝する。分裂して増える。もちろん膜もある。そう、この油滴は昨日挙げた生命の3大特徴を満たしているんだ。辛口に評価すると、原料物質の自己集合とか、反作用とか、受動的な分裂とかは生物っぽくないところだね。でもここで、あらためて問おう。この油滴は果たして生命と言えるだろうか。

ひとつ付け加えておくと、さっきのシミュレーションでも見たとおり、加水分解で膜ができる反応、表面張力の差、対流の様子、油滴の運動などはすべて数式で表現できている。何が言いたいかというと、油滴の振る舞いはコンピュータ上で再現できるってこと。ただし、それはLｰシステムではなく、油滴の化学の方程式だけど、将来はLｰシステムで記述できるかもしれない。いずれにせよ、パソコン上で「デジタル油滴」を作ることができる。デジタル油滴がケミカル油滴（動く油滴）を完璧に再現できたら、デジタルライフもいつか「生命」を再現できるってことじゃない?

生命を簡単に作るには――コアセルベートの作り方

さあ、ここまで来たら人工生命まであと一歩と思えるかな？

――思えない。

――思いたくない。

それはどうして？

――コアセルベートを作ったんですけど、めちゃくちゃ簡単に作れたので。ああ、生命はもうちょっと複雑なんじゃないかなって。

――自分があれと一緒だと思いたくないな。

コアセルベートは生物の授業で作ったの？

――はい、作りました。ゼラチン溶液にアラビアゴムを混ぜて、あれっ、もうひとつ溶液があったような。

3つ目の材料は、塩酸、かな。作り方はこうだよね㊴。

さっきの油滴と同じく、コアセルベートも膜で仕切られた反応袋だ。ただしこれは1袋1反応。ケミカル油滴も本質的には1袋1反応。でも、コアセルベートは動かない分、ものすごく簡単に作れるよね。かつては細胞の起原と考えられたこともある物体だ。

㊴コアセルベートの作り方

① まず、ゼラチン溶液（濃度1%）をある量（たとえば100mℓ）用意します。

② ①にアラビアゴム（濃度1%）を①の0.6倍量（たとえば60mℓ）混ぜて、よく攪拌《かくはん》します。

③ 最後に、②に塩酸（濃度0.35%）を1滴ずつ滴下すると、白濁《はくだく》し、できあがりです。

③' ②を硫化水素（H_2S）ガスでバブリングしてpHを下げます（飽和H_2S水のpHは4.5に）。
同時に、硫化鉄（FeS）粉末を添加してもよいです。

生命の起原とか細胞の誕生とかいっても、原始の地球にゼラチンとアラビアゴムがあったかどうか。たぶんなかったと思うんだけど、原始の海は有機物が溶けたスープのようなものだったという説もある。だから、ゼラチンとアラビアゴムの代わりになるようなものがあったかもしれない。

コアセルベートの材料の3つ目、塩酸を加えるのはpHを下げて酸性にするため。生命の誕生を考えると、地球ができて間もない頃には塩酸もあったかもしれないけど、原始の海は、海底火山から硫化水素ガスが出ていただろうね。初日に話したチューブワームが棲んでいる海底火山を思い出してごらん。

そこで僕は、塩酸でpHを下げる代わりに、

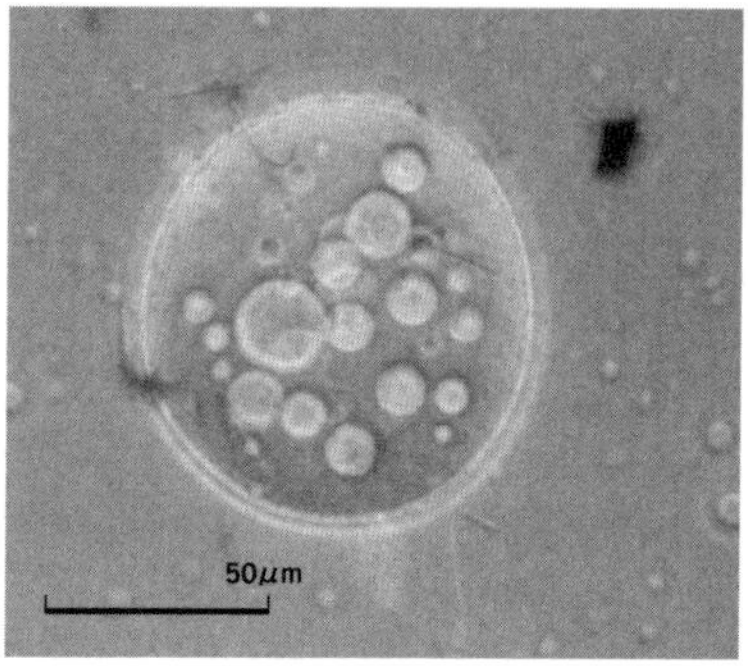

㊵硫化水素を使って作ったコアセルベート

㊴の③で塩酸の代わりに、硫化水素を使って（③'）コアセルベートを作る。つまり、熱水噴出孔の疑似再現をしてみる。すると、入れ子構造をした複雑なコアセルベートができる。

硫化水素（H_2S）のガスをバブリング（液中に気泡として吹き出すこと）してpHを下げてみたんだ。硫化水素が飽和《ほうわ》するとpH4・5の酸性になるからね。そしたら、やはりコアセルベートができました。これが実際に硫化水素を使って作ったコアセルベートだよ㊵。こっちのほうが格好よくない？　サイズも大きいし。みなさんが作ったコアセルベートは……

——小さかったね。

これはけっこう大きい。これで直径0・1ミリメートルだからね。みなさんの髪の毛の1本分ぐらいの太さがある。硫化水素という火山ガスを使ったほうが格好いいコアセルベートができてしまうんだね。

コアセルベート自らがいろんな原料物

質（栄養）を求めて動き始めたり、分裂したりしたら、動く油滴の場合とほとんど同じになるね。それは生命と言ってしまっていいのかな？　言っていいかどうかはともかく、僕たち生命体がこれを仲間と思えるかどうか。

生命になるまでの、あと一歩

——やっぱり自分と一緒とは思えない……。

——生命じゃないのに動かれたら怖い。

問題はそこだ。たしかに動く油滴は生命っぽいんだけど、何かが足りないって感じるんだ。みなさんもなんとなく腹の底で同じことを感じていると思う。まさに英語で言う"gut feeling"（ガット・フィーリング）だ。

——進化したり、死んだりはしないんですか？

おお、素晴らしい。こいつを生命っぽくするためにどうしたらいいか、池上さんと一緒に考えたんだけど、結論は「死んでほしい」という意見だったんだ。

——……（笑）。（一同）

動く油滴は、さっきのオセロゲームみたいな感じでひとつのA-Lifeとしてパソコン上で再現できる。白と黒（0と1）でできたプログラムを作って動かすだけ。だからこのA-Lifeはパソコンに電気がきているうちは死なない。ただ、現実の油滴は原料が枯渇《こかつ》すると死んじゃうけどね。それと並行して「自発的に死ぬ」、でも「自分の遺伝子を残して死ぬ」なんてことが起こるようになったら、すごく生命っぽい感じがする。

もしA-Lifeが死んでくれたなら、それは進化だ。進化はコピーミスによって微妙に変わっていくことだって昨日も言ったよね。微妙に変わっていく何かがほしいわけよ。でも油滴にしても、A-Lifeにしても、変わる要素がないんだ。こいつらが増えたって、たかだかひとつだった油滴が2つになるくらいの話だ。

——動く油滴にはDNAもRNAもないんですよね？

そう、こいつらは何も情報を持っていない。DNAやRNAといった情報分子、そういったインフォメーションが入っていると面白いんだけどな。「情報の増殖」っていうと意味のある情報も無意味な情報もランダムに増えるって感じがするけど、「情報の複製」には「できるだけ正確なコピー」っていう意味が含まれていると思うんだ。「できるだけ正確」ってことは「たまにエラー」もあるってことで、それが進化のきっかけになるんだよね。

——極限的に熱したり、冷やしたりしても死なないんですか？

ん？　熱的に殺すことはできるよ。水が蒸発したり凍ったりするのもあるけど、それとは別に、温度を変えると油滴内部のいろいろな反応や運動の速度が変わるでしょ。それが歩調を合わせて変わればいいけど、微妙にずれてくると、結局、全体としてうまく回らなくなるってことは考えられる。

あと、油滴を生かすために、原料物質を加えたり、水を交換して老廃物を取り去ったりしているんだけど、それをやめると死ぬ。だから、油滴のお世話をする池上さんも込みにして「油滴―池上システム」にしたら生物っぽい。

――……(笑)。(一同)

この油滴に意志があって、「おい、そろそろ油を入れろよ」と池上さんを操るんだったら、かなり生物っぽいよ。でも今は池上さんの自由意志で油を入れているので、ちょっと違うね。池上さんが神ってこと。ところが、油滴がスライドガラスの水の中から飛び出して、自然のリアルワールドの中に自ら新しい原料やエネルギーを求めてさまよい始めたら、これは生命っぽい。

――5年、10年とずっと原料物質を入れたり水を替え続けたりしたら、この油滴は成長するんですか？

さっきも言ったように、サイズと表面積の関係、つまり表面張力の問題があるから、自《おのず》と成長の上限はあるだろうね。でも、環境条件、たとえばpHを変えたりすれば、たぶんサイズは変わると思うよ。自然界のリアルワールドにはいろいろな環境条件があるから、そこで大きくなることがあるかもしれない。

いろいろな条件っていうのは、Lーシステムのパラメータを変えるのと似ているね。自然界の環境変化を、Lーシステムでシミュレートできるってこと。Lーシステムにはよく出てくるモデルがある。これは私の考えたLーシステム1481番です。いやいや、僕のLーシステムVー250のほうが絶対にいい、とかね。でもこういった「作品」番号はものすごく大きい数字だ。おそらくそれだけ多くのモデルを作ったということなんだろうね。もしかしたら、油滴方程式もLーシステムで記述できるかもしれない。

コンピュータ・シミュレーションと同じことを化学で行なおうと思ったら大変だ。すべて手作業だからね。たぶん1人の人間が試行できるのは一生のあいだで1000回あるいは2000回かもしれない。そういった現実的な制約があるんだけれども、そのうち「何とかうまくいってしまう」ようなものしか残らない。これこそ進化だ。自分が意図したものを超えているわけだから。

――毎回ちょっとずつ違う式を入れて……

Lーシステムのパラメータをマイナスにするとかね。

――ああ、なるほど。

そういう発想なんだ。複雑系の問題は解が予測できない。だからやってみるしかない。具体的には膨大《ぼうだい》な計算をこなすスーパーコンピュータが必要だけどね。それを計算ではなく実際にやってみているのが宇宙だという考え方もできる。

DNAを人工的に合成して生物を動かす

昔の人工生命の研究はとても牧歌的で楽しい世界だった。でも今からちょっとヤバい例を紹介しよう。今もっとも人工生命に近い科学者。名前はクレイグ・ヴェンターって言います。２００７年から２０１０年にかけて彼らが発表した実験を紹介しよう。

まず２つの単細胞の微生物、ＸとＹ（Ｙ１とＹ２）がいる。もちろん遺伝子というかＤＮＡを持っているよね。ＡＴＧＣ、４種の文字の文字列だ。そこで微生物ＸからＤＮＡを取り出して、微生物Ｙ１のほうに移植する（微生物Ｙ１からは予《あらかじ》めＤＮＡを取り去っている）。そうするとどうなるか？　微生物Ｙ１は代謝と増殖（ＤＮＡの複製）をした。これはいわゆる「試験管ベイビー」と似た話なので、まあ、とりたてて言うほどのことではないね。

ところが、次の実験は試験管ベイビーと決定的に違っている。DNAを取り去っている）の中に入れるのは自然界の（微生物Xの）DNAではなく、ヴエンターが作った合成DNAだってこと。ただ、合成DNAと言っても、微生物Xといううお手本を真似（まね）したんだけどね。しかし、完全な真似ではなく、微生物Xとちょっとだけ違うDNAを合成して微生物Y2に入れたんだ。すると微生物Y2はちゃんと生命活動をした！　今年（2010年）の話だよ❹。

真似とはいえDNAを人工的に合成したわけだから、これはある意味で人工生命の誕生だね。これら一連の実験で作ろうとしている人工生命の名前は、マイコプラズマ・ラボラトリウム。「ラボラトリー」は研究室とか実験室といった意味。だから「マイコプラズマ・ラボラトリウム」は「実験室で作られたマイコプラズマ」という意味になる。

マイコプラズマには肺炎を起こす種類もいるけど、ここで使われたのは肺炎を起こさない。さっき言った微生物X、つまり、DNAの提供元は「マイコプラズマ・ミコイデス」と言う。それから、微生物Yのほうは、「マイコプラズマ・カプリコルム」と言う。どれも人間に肺炎を起こさないけど、手洗いやうがいを励行しましょう。

これらXとYは「マイコプラズマ」というグループ（属）の仲間だから、互いによく似ている。そういった似ているもの同士のあいだでDNAを移植しても細胞は生命活動

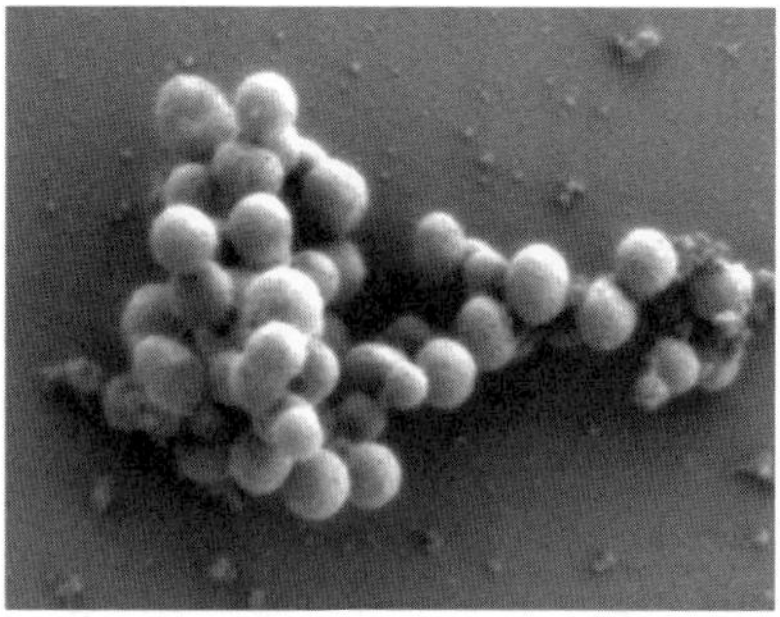

㊶人工ゲノムによって作られたマイコプラズマ

人工的にDNAを合成して誕生したマイコプラズマは、たんぱく質を作り、増殖を繰り返した。

をするし、さらにはそれをお手本にして作った人工ＤＮＡを入れても動き出す。マイコプラズマ・ラボラトリウムは生物学において記念碑的な生物になるはずだ。

この実験の場合、マイコプラズマのゲノムの文字数は１００万ぐらいだった。ＤＮＡの４種類の文字を使って１００万字の文字列をランダムに作ると、何通りになるかな？　４の１００万乗（$4^{1,000,000}$）通りだね。これを10のべき乗になおすと1.3×10^{1204}通り。宇宙にある全原子の数が10^{80}個くらいということを考えると、気の遠くなるような数字だね。

これだけの「場合の数」のＤＮＡ文字列を人工的に作ることは普通に考えて無理だよね。いくら時間があっても無理に思える。

でも、クレイグ・ヴェンターっていう人はそれを成し遂げるかもしれない。なぜならば、彼には輝かしい実績があるからだ。

1990年から2003年にかけて「ヒトゲノム計画」っていうのがあった。人間のゲノム31億字の文字列を解読する計画。解読を始めた頃は、終えるのに200年かかるって言われていた。日本とアメリカ、ヨーロッパ、中国などの国々が国家事業として人とお金を出し合って、それでもなお200年かかると思われたんだ。

このヒトゲノム計画にクレイグ・ヴェンターはたった1人で立ち向かった。俺が解読してやるって。誰もがそんなことは無理だって言ったんだよ。でも、ヴェンターが率いるチームは成し遂げた。そのあいだにテクノロジーの進歩があったせいもあるけど、結局、国家プロジェクトによる強力なチームがヒトのゲノムをすべて読み終わったのと同じ年にヴェンターも読み終わったんだ。2003年のことだ。彼はそういう人間なんだ。

——すごいかも。それならできそう。

そう、彼のことだから4の100万乗通りという人工DNA合成もやってしまうかもしれない。今は「DNAナノボール」という新技術でヒトのゲノムを15分で解析できる時代だ。費用はたぶん100万円もかからない。こうなるとパーソナルゲノム、パソコンならぬパソゲノが流行するかもしれない。

――えーっ！

とても簡単なことなんだ。クレイグ・ヴェンターにとってみれば、自分が作ったDNAを生物に入れるという話は、すでにあるDNAを読むよりも単純なんだ。自分が作ったDNAであれば、もう文字列は分かっている。それを生物にボンボンとランダムに放り込んでいって、うまく動く場合と動かない場合を調べる。結果は完璧に出るよね。それに向けた研究は一部スタートしていて、これからどんどん新しくて面白い発見が報告されると思うよ。

究極的には、ある生物に対して可能なDNA文字列のすべての組み合わせを人工合成して、その生物が動いた場合と動かない場合を分けて比較すれば、生命の正体が分かってしまう。このDNA文字列だと動くけれど、この文字列だと動かない。その「差」が生命だ。これが人工生命研究の最前線です。

生命を動かすオペレーティングシステム（OS）

ただ、ひとつ問題がある。ヴェンターが人工的に作ったDNA文字列を微生物Yに入れたら生命活動をした。じゃあ、もうひとつ別の微生物Zに同じ人工DNAを入れたら同じように活動するかどうかってこと。実は同じようには活動しない場合があるかもしれない（活動するかもしれないけど）。同じＤＮＡ文字列なのに、微生物Ｙと微生物Ｚとでは働き方が違うということだ。これはいったい何に影響されているんだろう。

——WindowsとMacみたいに、ＯＳ（オペレーティングシステム）が違うんじゃないんですか。

「生命のＯＳ」っていう発想がいいねえ。でもやっかいなことがある。コンピュータの場合は、ちゃんと作った人がいるわけだからＯＳの仕組みは完璧に理解されているよね。他方、生命（細胞）のＯＳは、それがどういう仕組みになっているのか、残念ながらなかなか理解が進んでいないんだ。他のみんなはどう？　細胞のＯＳ、生命のＯＳって何がポイントだろうか？

——うーん、臓器移植みたいに、体に適合するとかしないとか、そういうレベルかな。

適合・不適合、互換性の問題だね。Macのソフトがwindowsで動かないとか。本当に不便だよね。MacとWindowsの場合は、そもそも設計思想がまったく違う。でも、僕たちの知っているバイオロジーにおいては、すべての生物はひとつの共通のＯＳで動いているんじゃないの？　普通はリボゾームがあって、いろんな酵素があって、細胞の中の仕組みは基本的に同じなんだ。

基本設計は全生物で同じなんだけど、なぜか同一のＤＮＡ文字列で動く場合と動かない場合がある。ＯＳが違うっていう表現は言い得ていると感心したけど、そのＯＳっていったい何だろう。だって、僕たちの知る限り、すべての生き物は同じような、しかし、微妙に違うかもしれないＯＳを持っているんだよ。ほんと、まったくの謎だ。僕はこの問題が22世紀のバイオロジーへの持ち越しになると踏んでいる。

ここで注意しないと、ともすれば昔ながらの生気論《せいきろん》に戻ってしまう。何か生物に特有の別の原理があるに違いない。物理・化学では説明できない何物かが生命に入らないとダメなんだ、っていう考え方だ。

——いわゆる、魂。

そうだね。17世紀や18世紀まで後戻りだ。そうではなくて、どこまでもとことん理詰めの機械論的、数学的な生命論で突き進んでほしい。生命を理解する知識が今の時点でまだ不充分なだけなのだ、将来的には絶対に理解できるんだという信念を持って。

細胞の歴史はずっと書き継がれている

この問題のひとつの突破口は「歴史性」になるだろう。どんな細胞も必ず歴史を背負っている。進化の歴史において、大腸菌と乳酸菌がたどってきた道はまったく異なる。

この道のことを普通「歴史」って言うね。それぞれの生命、いやもっと具体的に、個々の細胞がたどった歴史の違いは、細胞のどこかに反映されているはずなんだよ。これは非常に難しい問題だ。歴史性は種レベルだけでなく個体レベルでそれぞれ違うと考えてもよい。

この問題を真面目に考える学問を「生命誌《せいめいし》」と呼ぶ。歴史の「史」ではなく、あえて雑誌の「誌」を使っているのには意味がある。ある細胞が持つ遺伝子セットであるゲノム、ある種、それが「誌」だ。ゲノムに書かれている「生命の歴史物語」が生命誌。それを読み解く作業はすでに始まっていることは知っているね。さっきも言ったヒトゲノム計画とかがそうだ。

ゲノムの文字列の中には歴史が詰まっている。ひとつのゲノムの文字列が長い時間を経ていろんなふうに変形した歴史だ。その歴史はわれわれ動物の発生の仕方や体のつくりにも反映されている。われわれ人間は手足が4本で指が5本だけど、ある種の生物の指は4本で、ある種の生物の指は3本だ。そういうこともゲノムが決めているし、その変遷の歴史の果てに現在のゲノムがあり、それはこれからも書き換えられていく。譬《たと》えるなら『古事記』や『日本書紀』が書き終えられずに、ずっと書き続けられて今に至ったかのようなものだ。それが今われわれが持っているゲノムであり、それを書き継いできたのがわれわれの細胞のOSだと思ってもらえばいい。もちろん、細胞のOSそのものもゲノムにプログラムされているから、ゲノムとOSはお互いに自己言及する関係になっている。

つまり、ゲノムに歴史があるように、ゲノムを読み取ったり記録したりするためのOSの側も必ず歴史を持っているってこと。細胞のOSとは、具体的には「細胞質」というゲノムの容器みたいなものだ（細胞核をのぞく、細胞膜で囲まれた部分）。20世紀のバイオロジーは容器の中味のゲノムばかりを研究していた。でも、21世紀のバイオロジーは細胞質とゲノムの関係（相互作用）を研究することがメインになるんじゃないだろうか。同じゲノムでもOS（細胞質）が違う場合とか、その逆の場合とか、それを追究するわけだ。

今日の講義をふりかえって

今日はまずボディプランの話から始まったね。その後A-Life（デジタルライフ）の話題に触れつつ、L-システムで植物と動物は説明できてしまうという話をしたんだった。いったい植物や動物はどうやってL-システムを現実化しているのか、という問題がそこで残った。現実の生物と数学との橋渡しはまだなされていない。ただし、数学と化学はすでに橋渡しがなされている。それが池上さんの「動く油滴」だ。

動く油滴の話をしながら、生命に足りないものをみなさんと一緒に考えた。エネルギー供給を開拓していく力が自らに備わっていないから、というのがひとつの答えだったね。これは今の「細胞のＯＳ」っていう話と密接につながっている。細胞のＯＳ、すなわち細胞質こそ、エネルギー源を自ら開拓していく力を宿している部分だからだ。

ゲノムは情報媒体であって、エネルギー代謝の主体ではない。主体は葉緑体《ようりょくたい》とかミトコンドリアとか酵素といった、細胞質に漂っているものたちだ。そして、細胞膜に埋め込まれているタンパク質もまた、エネルギー代謝の主体になる。「生命と言うには何か足りない」。その秘密は細胞質と細胞膜にあるかもしれない。これがエネルギー主義者の意見。

とはいえ、情報主義者の言うように、生命のすべての歴史はゲノムやＤＮＡという文字列に残っているはずだ。それをあながち無視することはできない。そこでヴェンターの例を紹介した。ＤＮＡ文字列のあり得る組み合わせをすべて試して、うまくいく文字列とそうでない文字列とを比較して生命の神秘をバラす実験だ。いつかは完璧にバレるだろう。大変だけど実にシンプルな実験だから、その結果もクリアなはず。ある意味ヴエンターの頭の中にあるのも、生命の常識をぶっ壊すということなんだと思う。

さあ明日はいよいよ生命のOSの部分にもっと深く突っ込んでいこう。生命の本質的構造と存在意義の話にまで発展すると思う。

生命は曖昧さを持った歯車

――ちょっといいですか？　生命のOSというのは、ある種の歯車って考えることはできないんでしょうか。

それはどういうこと？

――生命のOSは決まっているっていう話でしたけど、歯車だって中央の軸を回して、周りのギザギザを他の歯車と噛み合わせて、それで力を伝えるという形式は一定ですよね？

その通りだね。

――ただ歯車自体の大きさや、歯の大きさや並び、2つの歯車のギア比に差異があるので、同じDNAでも細胞が動かないっていうことが起きるんじゃないですか？

そう考えると歯車っていうのはいい譬《たと》えだね。歯車が回転するには2つ以上必要で、その歯車の歯数の比をギア比って言うんだった。その差異が問題であると。とても面白いな。

――さらに言えば、歯の形が一方は三角形、他方は四角形で本当は噛み合わなくても、うまいこと引っかかって歯車が回ってしまう、ということはないですか?

うーん、それは生命の重要な特質だ。何かうまくいってしまうっていう現象だね。酵素と基質の「鍵と鍵穴」の関係がちょっとくらい違っていてもなんとかなってしまう。たとえば、メタンとアンモニアは形が似ているから、メタン酸化酵素がアンモニアを酸化してしまうようなことだ。0と1のデジタルではなく、そのあいだの0・5とかもあるようなアナログっぽさは重要だ。アナログ的な曖昧《あいまい》さを含んだ振る舞いのほうがたしかに生命っぽい。

イメージしにくいかもしれないけど、すべての化学反応は究極的には物質(原子・分子・イオンなど)とエネルギーの移動と変質なんだ。たとえば、酵素反応を見てみると、原料基質Aと基質Bをくっつけて生成物Cを作る。AとBははじめから同じ場所に並んでいたわけじゃない。別々の場所にあったものを酵素が捕まえて反応させたんだ。酵素君があなたと君を捕まえてヨイショってくっつけるわけ(笑)。そこには移動があるでしょ? つまり化学反応は最終的には力学で記述できるんだ。

ただ、すべてを力学に置き換えてしまうと、あまりにも複雑になる。たとえば、ここにコップに入った水があるよね。コップ1杯でだいたい180cc、つまり180グラムの水が入っていると思っていい。ということは水の分子量は18、ちょうど10モルに相当するから、このコップの中には6×10^{24}個の水の分子がある。その個々の水分子の動きを力学で記述するの？　これはものすごく面倒くさくて大変だ（笑）。３体問題どころか「6×10^{24}」体問題だ！

だから、エイヤッ！て、大ざっぱに化学で捉えるんだ。本当は力学で記述するのが正しいんだけど、大変だからやらないだけ。そういう意味で、歯車の譬えは正しい。

――すごいなあ。

そういったことを認識している人たちは細胞のＯＳのことをcellular machinery（セルラー・マシーナリー）って言う。「細胞の中の機械仕掛け」っていう意味だ。つまり細胞質の中にいろいろな酵素がただ漂っているんじゃなくて、細胞質はちょっと雑然とした工場のようなところだと。そこに酵素という「曖昧さを許す歯車」があって、それが回っている、いやもっと柔軟に、メタンでもアンモニアでもいいから酸化してしまって、グニャグニャ回っているというイメージなんだね。「柔らかい機械仕掛け」ってことで。

さあ、今日も時間になってしまった。また明日も面白い話をしてくれることを期待しています。よろしくお願いします。ありがとうございました。

――ありがとうございました。

第４章　生命は宇宙の死を早めるか？

おはようございます。

——おはようございます。

今日は最終日だ。昨日から今日にいたるまで、みんないろいろと考えたと思うんだけど、はじめに「こんなことに興味が湧きました」というのはないかな。なければ、さっそく始めよう。

生命になるまでの、あと一歩（ふたたび）

昨日は動く油滴の実験を見たよね。原料物質を自分で取り込んで、表面で反応させながらできた膜を捨てて動いていく。全体のシステムが膜で包まれている。場合によっては分裂する。

かなり生命っぽい振る舞いをするんだけど、でも生命と言うには何かが足りない。これがみなさんと僕のガット・フィーリングだった。でもいったい何が足りないんだろう？今日はこの問いから再出発したいんだ。

僕は昨日、エネルギーを供給する池上さんまで含めたら、それは生命っぽいって言った。エネルギーを自ら求めて開拓していくのであれば、それは生命っぽい。これが答えなんだろうか？

動く油滴は、いくつかの化学反応式と、それを表わす数式で表現できてしまう。でも生命はそんな簡単なもので表現できないはず、というのもガット・フィーリングだ。でも数式では表現できない「何か」って、いったい何だろう？

「生命とは何か」についてわれわれ科学者（生物学者）が到達している、一番もっともらしい回答がひとつある。あえて難しい言葉で言います。「生命とは非平衡開放系《ひへいこうかいほうけい》における散逸構造《さんいつこうぞう》である」。日本語としては分かるかもしれないけど、意味不明だよね。でもこれが今のところ、ベストなアンサーだと思われている。

平衡とは何か——動いているのに、変わらない

「非平衡」というのはなんとなく分かるかな？　「非平衡」の反対は「平衡」だよね。釣り合っている。バランスがとれている状態のことだ。

たとえば今ここに水が入ったコップがある。コップの中の水は蒸発して減っていくんだけど、ある時点から液面の高さが変わらなくなる。蒸発して出ていく水分子と空気中からコップの中に入ってくる水分子の数が釣り合うからだね。液面の高さは変わらなく

て静的（スタティック）に見えるけど、実際には水分子の出入りがあって動的（ダイナミック）な状態で釣り合っている。これが平衡状態だ。

平衡って言われたら、ルームランナー（トレッドミル）をイメージしてもいいね。タッタカ、タッタカ、一生懸命走ると、ルームランナーのベルトはグルグル回るんだけど、自分の位置はまったく変わらないし、ベルトが伸びるわけでもない。動いているんだけど、変わらない。

細胞の中には「細胞骨格」というものがある。細胞はいろいろ形を作るんだよ。骨格といっても固いものじゃなくて、タンパク質でできている。一番有名なのはアクチン繊《せん》維《い》って言うんだけど……。

——ちょこっとだけ生物で教わりました。

本当？　ふつう高校では教わらないのに、すごいね。アクチン繊維は丸い玉っころのようなタンパク質が数珠《じゅず》のように連なったもの。個々の玉っころはGアクチン、全体の長い数珠のようになった繊維はFアクチンと言うんだ（Gは「球状の」を意味するglobularの、Fは「繊維状の」を意味するfibrousの略）。これが細胞骨格を構成する。ドーム球場の天井を支える梁《はり》のように、細胞膜を裏から支える「裏打ち」みたいなものだね。

このFアクチンも非常にダイナミックな構造をしている。一方の端《はし》で玉っころがコロ

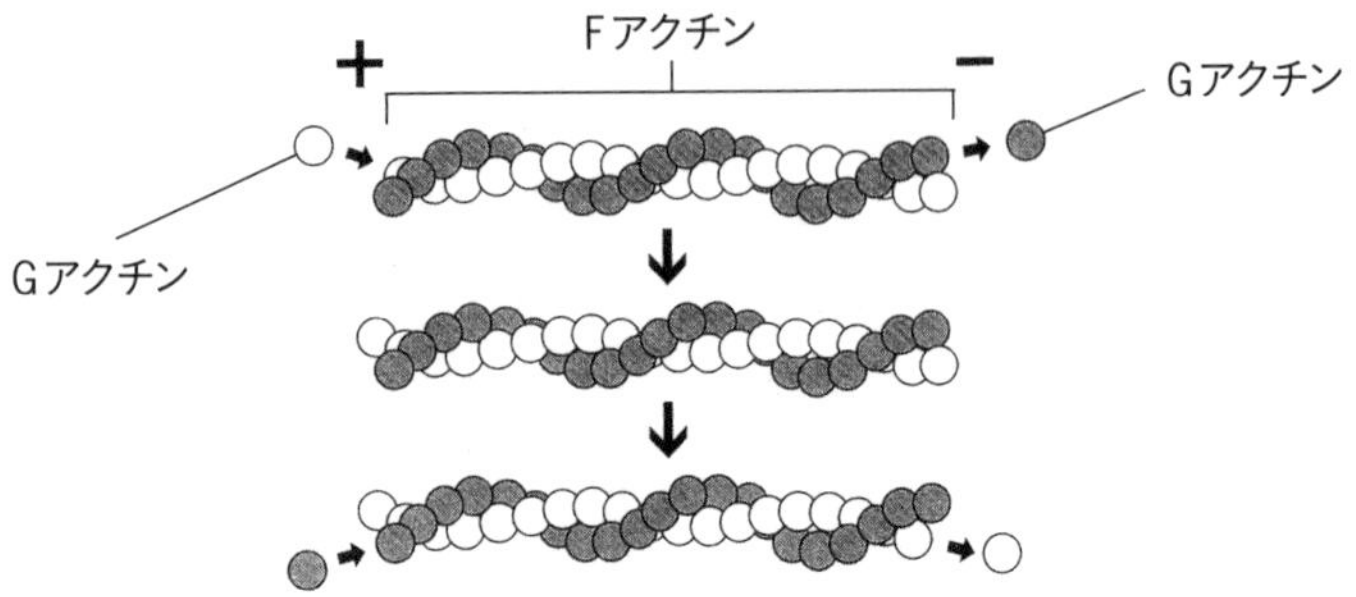

㊷平衡の構造（アクチン）
GアクチンがFアクチンのプラス端につくと同時に、マイナス端から離れるので、長さは変わらずトレッドミル状態となる。 図版：新潮社（一部改変）

コロと外れていって、他方の端っこで玉っころがくっつく。その収支が釣り合っている。つまり、Fアクチンの全体の長さは同じで一定なわけ。動いているのに変わらない。これもまたトレッドミルであり、平衡と思っていい㊷。

同じ状態に見える様子を平衡といい、平衡でない状態を「非平衡」と言う。つまり、状態が変わるのが非平衡。宇宙のことを考えると、宇宙は膨張《ぼうちょう》しているから非平衡だし、太陽にも始まりと終わりがあって時間とともに変化しているから非平衡。地球もずっと変わり続けているから非平衡。そう考えると、生物も時間とともに変化するから非平衡だね。受精卵が胚《はい》になり胎児《たいじ》になり成体《せいたい》になっていく様子はまったく非平衡だ。

僕の年齢になると毎日ご飯を食べているのに身長も体重もほとんど変わらない。これは平衡状態だろうか？　物質の出入りがあるのに変わらないのは平衡なように見える。しかし、体の中の状態は加齢にともなって変化しているから、やはり非平衡なんだ。

開放とは何か──物質とエネルギーが出入りする

「開放」というのはどうだろう？　開放の反対は閉鎖だね。市販されているのかどうか分からないけど、完全に閉じたフラスコの中に水と藻《も》と金魚が入っているようなものを想像してほしい。目に見えない微生物も一緒にいる。これだけのメンバーで光合成《ひかりごうせい》（生産）、呼吸（消費）、分解が釣り合って、餌《えさ》をやらず水を交換しなくても「小さな閉鎖生態系」を維持できる。ここでは外から光エネルギーが入り、熱として放散されるから、エネルギーの出入りはあるけど、物質の出入りはない。

生物が持続できる生態系をなす空間を「バイオスフィア」（生物圏《せいぶつけん》）と言う。かつて、大きなガラス張りの施設を作り、中に植物と男女8名の人間を閉じ込めて2年間生活させるという閉鎖環境実験がアメリカで行なわれた。「バイオスフィア2」というプロジェクトだ。「2」というのは地球が「バイオスフィア1」だから。これは、僕から見ると半分成功、半分失敗。いろいろな問題、たとえば、酸素不足、食糧不足、心理的問題などが発生して2年間ももたなかったんだけど、その問題のいくつかは想定外のものだったから半分成功として努力点をあげたい。

さて、バイオスフィア1、つまり地球もそういう系（システム）なんだろうか。地球と宇宙のあいだで物質の出入りはないんだろうか。実のところ、わずかではあるけど、出入りがある。たとえば、宇宙塵《じん》――といっても、「人」じゃなくて「塵《ちり》」、ダストのほう――と言って、宇宙から毎年地球にダストが100トンずつ降ってくる。それから、太陽風と言って、太陽から出る陽子や電子などの一部が地球に降り注いでオーロラを輝かせているのも、地球への物質の入りだよね。

逆に、太陽風によって地球の大気が剝《は》ぎ取られてもいる。年にどれくらいの大気が剝ぎ取られているか定量的《ていりょうてき》なことは分からないけど、そういうこともあると定性的《ていせいてき》に知っておいてください。

このように地球と宇宙のあいだでは、エネルギーも物質も出入りしている。つまり、地球は開放系である。フラスコ内のミニ生態系とは違う。地球もそうだし、われわれ個人の体もそうだし、一つひとつの細胞だって開放系だ。この宇宙に完全な閉鎖系というものはまず存在しないと思っていい。

究極的なことを言えば、宇宙はひとつの大きな容器であって、宇宙全体で見れば、その容器は閉鎖系かもしれない。でも、そんなの分からないよね。ブラックホールやホワイトホール（ブラックホールとは逆に、物質やエネルギーを吐《は》き出す宇宙の領域）があれば、それが他の宇宙との物質の出入り口になるかもしれない。

生物も開放系であることは分かるよね。生物なら栄養を取り込んで廃棄物を出す。モノを食べない植物も二酸化炭素を吸収して酸素を放出するから、開放系というのは当たり前に聞こえるね。

以上、「非平衡開放系」を説明してみました。平衡から離れた開放的な系が生命であり、生命が活動する舞台もまた非平衡開放系だ。

エントロピーの増大とは「汚れる」イメージ

非平衡ということに関しては、とても重要な、生命の本質に関わる原理がある。それはエネルギー（熱力学）に関する話だ。熱力学といえば「熱の出入り」を研究する学問分野だけど、そこには3つの法則がある。

第一法則は「エネルギー保存の法則」。昔ふうに言うと、「質量保存の法則」で、モノが燃えてなくなってしまったかのように見えても、酸素や二酸化酸素や水蒸気まで考えれば、燃焼反応の前後で物質の総量（質量）は変わらないということ。これが、「質量とエネルギーは等価である」というアインシュタインの相対性理論によって、「エネルギー保存の法則」という名称に変わった。

第二法則は永久機関（厳密には第二種永久機関）はあり得ないというのに関係している。永久機関というのは、いったんエネルギーを加えて動き出したら、その後はエネルギーの供給なしに動き続けるような仕掛けのこと。難しく言うと、外部から熱エネルギーを取り出してそのすべてを内部的な仕事に変換し（外部に対して仕事をしない）、仕事で生じた熱も回収して仕事に再変換することで、ずっと仕事し続けられるような機関。ところが、熱というやつは雑音みたいなもので、何かすると必ず発生し、しかもこうして発生した熱は役に立たない。

こういう雑音みたいな熱が発生しない絶対温度ゼロ度（絶対零度。摂氏マイナス273・15℃）が達成できれば永久機関も不可能ではないけど、第三法則で「絶対零度は到達不能」とされているので、永久機関も実現不可能。つまり100％のエネルギー変換効率はない、縮小再生産というのが第二法則だ。

さて、第二法則は別名「エントロピー増大の法則」あるいは「エントロピー増大原理」

とも言う。絶対零度でエントロピーは0になるけど、さっきも言ったようにこれは到達不能の状態。エントロピーというものを教わった人はいるかな？

――どんどん汚くなっていく感じかな。

いいねえ。これは正しい表現じゃないけど、大ざっぱに言ってしまえば、エントロピーというのはエネルギーと反対のことを言っている気がしてしょうがない。講義の初日にも話したけど、エネルギーはとりあえず「仕事をする能力」という理解でいい。エネルギーがあると、いろいろなモノが動くことが可能になる。

エネルギーによってモノが動いた結果どうなるかというと、乱雑になる。だから、エントロピーとはよく「乱雑さの指標」と言われているんだ。もし物理学が苦手なら、エントロピーとは乱雑さ・不確定性・無秩序の度合いであるという程度の理解でいい。もともとは、ドイツの物理学者クラウジウスが1865年に導入した熱力学概念なので、エントロピーを正確に理解するためには、熱力学における本来の意味を理解する必要がある。

いま「エントロピーは汚くなっていくイメージ」って言ってくれたよね。乱雑さ、無秩序。自分の部屋を考えてみようか。何もしなければ何も起きない。でも、自分という個体がエネルギーを使って勉強したり、友達を呼んだり、趣味活動をしたりすると、大変だよね。部屋は乱雑になる。「定物定位《ていぶつていい》」という強い意志、すなわち、乱雑にしたよりも大きなエネルギーを投入しないと、部屋は片づかない。つまり、乱雑さというのは増していく。エントロピーは増大するんだ。

エントロピーは一見、僕たちの感覚を超越した抽象的な概念だと思われがちだ。でも実は僕たちの感覚に忠実に訴えてくるので、難しいことが分からなくても感性的に理解できる。だからまずみなさんには感性で理解してもらいたいと思っている。もちろん、数学的、物理学的なエントロピーの定義はあるんだよ。数式で表わすと「$dS > \frac{Q}{T}$」あるいは「$dS > \frac{dQ}{T}$」。これは簡単なようで難しいから、じっくりゆっくり考えていこう。

エントロピーの増大は一方通行

熱力学的なエントロピーを理解するには、たとえばこんな例が分かりやすいかな。ここに2つのビーカーがあって、それぞれA「0℃の水100グラム」とB「90℃の水100グラム」が入っているとしよう。このそれぞれをC「100℃の水100グラム」で湯煎《ゆせん》する。混合じゃなくて湯煎だから熱だけが移動することになる。時間をかけたらAとCは50℃で平衡し、BとCは95℃で平衡する。つまりCからAとBそれぞれに移動した熱量Qはこうなる。

C→A：５０００カロリー（１００グラムの水が50℃上がった）
C→B：５００カロリー（１００グラムの水が５℃上がった）

では「$dS > \frac{Q}{T}$」の式を使って、エントロピーの変化ΔS（Δは変化量を表わす）を計算してみよう。ちなみに熱量Qはジュールに変換し（１カロリー＝４・１８４ジュール）、温度Tは「熱量を受ける系」の絶対温度（K）なので、Aの水温は２７３K（０℃）、Bの水温は３６８K（95℃）とする。

$$C \to A : \Delta S > \frac{5000 \times 4.184}{273} \fallingdotseq 76.6$$

$$C \to B : \Delta S > \frac{500 \times 4.184}{368} \fallingdotseq 5.7$$

つまり、熱源は同じ（C＝１００℃の水１００グラム）でも、相手の温度が違えば、結果として温度の上昇幅も違うし、エントロピー変化量（増加量）も違ってくる。高温側と低温側の温度差が大きい（C→A）ほど、エントロピー変化量（増加量）が大きいことが分かるでしょ。ここで温度差を傾きとか勾配《こうばい》、あるいは偏《かたよ》りと考えてもいいね㊸。

逆はどうだろう。湯煎して50℃と50℃で平衡した2つのビーカー（AとB）の水の熱量がひとりでに偏って、それぞれ100℃と0℃に戻ることはまず起こらない。もし、そうしたかったら、それ相当のエネルギーを投入しなくてはならない。実は冷蔵庫や冷房に使われている「ヒートポンプ」がそれなんだ。電気エネルギーを投入して、低温側から高温側へ温度勾配に逆らって熱を移動させるの。

ここで大事なのは、エネルギーを入れたらエントロピーが増加する前の状態に戻るということ。つまり、エネルギーの投入とエントロピーの減少はほぼ同義というように聞こえる。もうちょっと踏み込んでいうと、エネルギーとエントロピーは裏腹の関係にあるようにも聞こえる。実際はそういう簡単な関係ではないのだけれど、今日のところは感覚的にそういうニュアンスで考えてもらっていいと思う。

ビーカーの話に戻ろう。2つのビーカーが50℃と50℃で平衡したとき、もしかしたら、50・1℃と49・9℃という小さな偏りなら、何かのはずみで起こるかもしれない。自然界に存在する「ゆらぎ」、つまり、温度や速度などのいろいろな数量がある幅で「ぼやける」ようなことと似ているかもしれない（たとえば宇宙全体の温度ゆらぎは0・0002℃）。

㊸エントロピー変化量の違い

熱源と熱の移動先との温度差が大きいほど、温度の上昇幅も大きくなる。つまり、エントロピー変化量（増加量）は大きくなる。

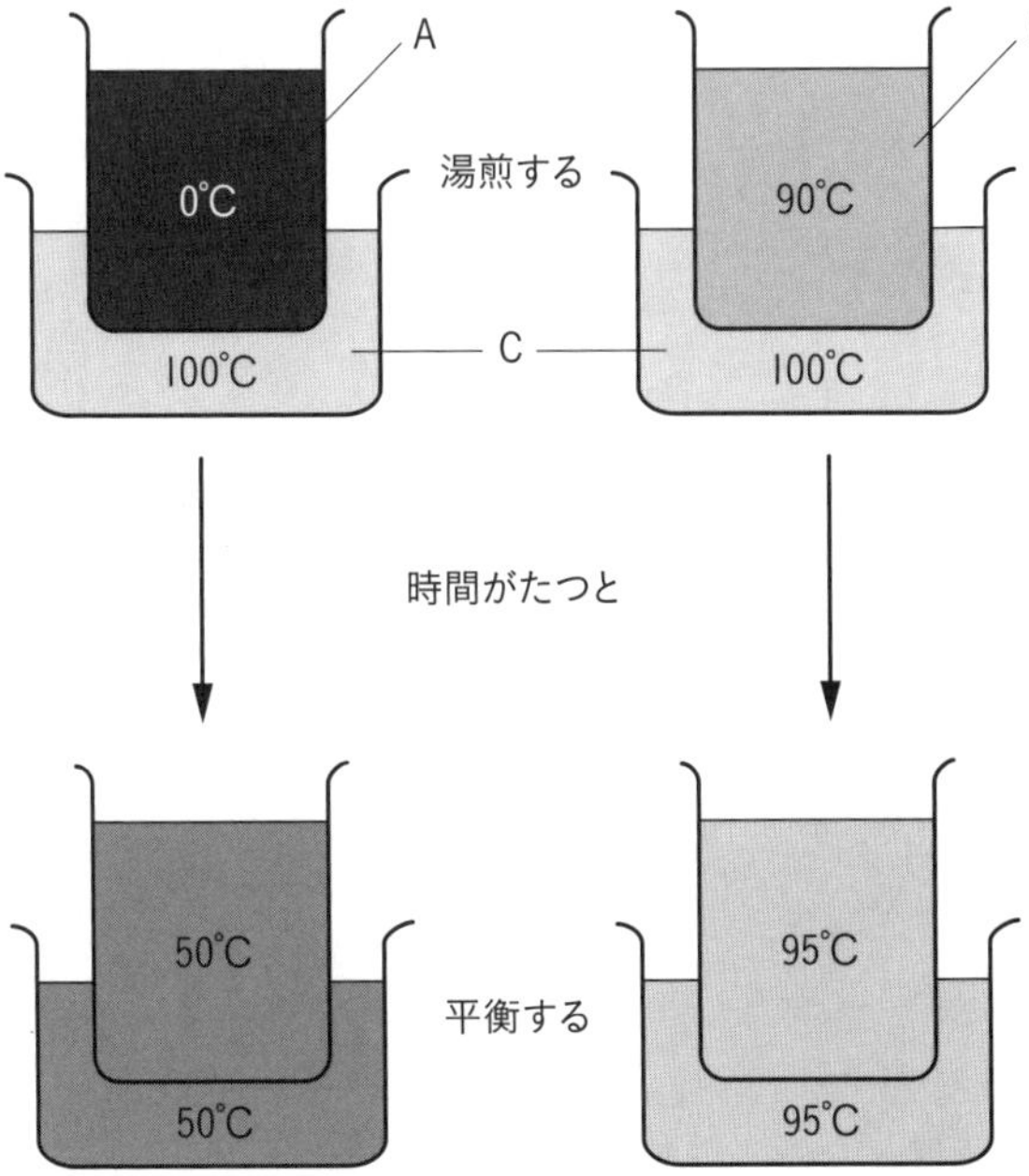

5000cal ……· 移動した熱量 ……·· 500cal

50℃………… 温度上昇…………5℃

76.6 …… エントロピー増加量 …… 5.7

いや、50・1℃と49・9℃は「熱ゆらぎ」では起きないかな。でも、50・0001℃と49・9999℃くらいの小さな偏りなら起こり得るかもしれない。こうしてみると、エントロピー増大原理というのは「大きな偏りを起こさせない原理」「偏りを平らにする原理」と言うこともできるね。

熱の話はちょっと置いておこう。水が入ったこのコップ。君の手が滑ってこれをジャバーッとこぼしちゃいました。水はそのままでは元に戻らない。まさに「覆水盆《ふくすいぼん》に返らず」。これもエントロピー増大のひとつの例だ。

せっかくコップの水の例が出たから、この水の中に赤インクを落としてみよう。赤インクが水の全体にブワーッと広がっていくね。これにはなんの不思議もないでしょ。一つひとつのインクの分子はニュートンの運動方程式にしたがってただ動いているだけ。まったくの物理化学上の拡散現象だ。

振り子もニュートンの運動方程式にしたがっている。振り子の運動の一振りをビデオカメラで撮影してみる。振り子は支点を中心に端から端へと弧《こ》を描いて移動するよね。その映像（フィルム）を逆転したって見え方は同じだ。ニュートンの運動方程式は時間に対して対称なんだよ。対称ってのは左右対称と同じで、過去も未来も対称、つまり、時間を逆転させても同じってこと。振り子運動を逆回しにしても同じ動きだ。

赤インクの個々の分子も、ニュートンの運動方程式で動いているから、その動きを映像に撮って逆回しにしてもまったく同じになる。見た目の運動は変わらない。でも、滴《しずく》全体を見ると、拡散していく一方通行で再び元に戻ることはない。個々のインクの分子は時間に対して対称性があるのに、滴という塊《かたまり》になってしまうと急に対称性を失って時間が一方通行になってしまうんだ。どうしてだろう。実はこれ、物理学の大きな謎だったんだ。

「時間の矢」については講義の初日にも話したね。時間は一方通行、元には戻らない。この赤インクの滴も同じで、水中に落とすと拡散して混じってしまって、何年待っても滴に再生しないんだよ。何百億年もかけたら再生するかも分からないけど、それは今の宇宙の年齢を超えるくらいだから、まず空想の世界だろうな（笑）。

進化はエントロピー増大原理からの逸脱

エントロピー増大の指標である、この乱雑さ・無秩序・偏りをなくすという考え方は情報理論にも入ってきている。たとえば、ここにクレイグ・ヴェンターが作った遺伝子セット（ゲノム）があるとする。ＡＴＧＣの４種類の文字からなる文字列だ。このゲノムが突然変異を繰り返すと、文字列は元のゲノムからどんどん離れていく。それを偏りと見るなら、突然変異の蓄積は「エントロピーの減少」ということになる。ならば、突然変異に基づく進化もまたエントロピーの減少なんだろうか。

実は、突然変異のあとに来る自然選択（自然淘汰）というのは、変異体（突然変異が起こった個体）が増えないようにする過程、つまり、進化が起きないようにする過程だという説がある。実際のところ、変異体というのは競争力が劣《おと》るもののほうがずっと多いから、普通の個体と競争すると負けてしまう。だから、「熱的ゆらぎ」みたいなことで突然変異が生じても、自然選択によって集団全体のゲノムとしては元の文字列に戻ってしまう。エントロピー的には偏りがない平らな状態だ。さっき、2つのビーカーに入った水の実験で、エントロピー増大原理を「大きな偏りを起こさせない原理」と言ったのと通じるね。

それでも、ときには生存競争に変異体が勝ってしまい、進化してしまうことがあった。勝ったのは「万が一の確率で生まれた強い変異体」だろう。「万が一」が起きるにはたくさんの変異体がいればよい。変異体の集団（プール）が大きければ、そこには「普段なら弱いけど新しい環境条件では強い変異体」もいるだろう。つまり、変異体のプールが大きくなるような出来事があれば「大きな偏り」が生じ、進化という、エントロピーの減少が起きることになる。

それほど大きな変異体プールを作るには、突然変異の発生率が「熱的ゆらぎ」より高くならなければならない。突然変異を誘発するのは、たとえば放射線だ。近くの恒星が超新星《ちょうしんせい》爆発して宇宙放射線が増えたとか、地球の磁場逆転のときに磁場シールドがなくなって宇宙放射線が増えたとか。あるいは、眼をもった獰猛《どうもう》な捕食者が現れたので、普通なら弱いはずの変異体、たとえば、それまでは大したメリットもなかったもの（甲殻《こうかく》やトゲなど）に代謝エネルギーを使っていた変異体が生き残ったとか、いろいろな可能性が考えられる。

つまり、突然変異という「偏り」は消される方向にあるというのがエントロピー的な見方で、その「偏り」を維持するほど大きなエネルギー（宇宙放射線、それまでは不要だった代謝エネルギー）が個体集団にインプットされると、突然変異が進化につながるのだと僕は考える。

フィフティ・フィフティの情報は無価値

さて、進化の話はいったんやめて、情報理論に戻ろう。意味のある情報と無意味な情報の違いって何だろう？　これはあくまでも情報理論の話だから、情報内容そのものに価値があるかどうかはさしずめ関係ない。たとえば、宝物のありかが書いてあるとかね。情報の内容はさておき、今は情報そのものとして意味があるかどうかの判断だ。

天気予報は毎日チェックしているかな。一番意味がない天気予報って、どんなのだろう？

——過去の予報。

ははは、たしかに無意味だ（笑）。でも予報だから、一応未来の話に限ろう。自分が聞いて一番役に立たない天気予報って何？

——ゲタを投げて予報するとか？

——降水確率が50％だったら、傘がいるかどうか結局分からない。

降水確率50％だと一応傘を持って行くかもしれないね。あるいはきれいな服を着ていくのをためらう、とかね。そういうことは置いといて、純粋な情報理論として考えよう。晴れと雨の確率が51対49だったら、傘を持って行こうっていう気になるかな。これがたとえば70対30だったら傘を持って行く？

——はい。持って行きます。

そうかもね。１００対０だったら、もう完全に持って行くね。つまり、降水確率１００％というのはすごく価値がある。これほど価値のある情報はないんだよね。傘を持って行く／行かないという損得を抜きにしても、情報として純粋に価値がある。だから、逆に０対１００でも価値があるよね。降水確率０％、絶対雨は降らない、という情報だ。

一番使いものにならないのは、50対50（フィフティ・フィフティ）の確率。情報として無価値だ。だからみなさんも、今後の人生においてフィフティ・フィフティの話はしないように（笑）。51対49、あるいは49対51でもいい、少しでもいいから、50対50からどちらかに偏ってほしいんだ。情報の傾きこそ重要だ。

傾きが「平ら」になる過程が、エントロピーの増大

別の考え方をしてみようか。たとえばここに、両端を結んだロープがある。この輪っかみたいなロープで、面積が最大になる四角形を作ってくれるかな？

――無限角形。

限りなく円に近い多角形だね。でも四角形で考えてみてくれる？

――正方形ですか。

そう？　根拠はあるかな。ちょっと数式でやってみよう。ロープの長さAは一定だ

よ。四角形の両辺をそれぞれXとYとすると、四辺の長さ（ロープの長さ）はA＝2（X＋Y）になるよね。そして、面積＝X×Yだから、面積が最大になる状態の式はこうだ。

$$X = \frac{A}{2} - Y$$

$$面積 = X \times Y$$

$$= \left(\frac{A}{2} - Y\right) \times Y$$

$$= \frac{AY}{2} - Y^2$$

$$= \left(\frac{A}{4}\right)^2 - \left(Y - \frac{A}{4}\right)^2$$

よって、$Y = \frac{A}{4}$　のとき面積は最大。

$Y = \frac{A}{4}$　なら　$X = \frac{A}{4}$　つまり、$X = Y$

X＝Yのときが面積は最大になる。すべての辺が同じ長さ。答えは正方形㊹A。この例はフィフティ・フィフティを図化したものと言える。四角形は縦辺と横辺が同じ、50

対50のときに面積が最大になる。だから今みなさんが目の前にしている正方形のことを、エントロピー最大の表現だと思ってもらって構わない。

役に立つ情報、たとえばさっきの降水確率70対30、あるいは30対70を同じように四角形に表わしてみよう㊹B。面積は小さくなるよね。つまり、エントロピーの減少を表現している。もっとも価値ある情報、降水確率が１００対０、あるいは０対１００を四角形にするとこうなる㊹C。１本の直線になるね。面積ゼロ、つまりエントロピー最小の場合の図だ。

四角形の面積で情報のエントロピーを考えてみたわけだけど、情報価値として50対50というのは、シーソーでいうと完全に釣り合っている状態、つまり「平衡」のこと。シーソーがどちらかにちょっとでも傾けば、それはエントロピーが低い状態にあると言える。情報価値として70対30、60対40といった場合だ。１００対０、あるいは０対１００になると……シーソーはたぶん立っちゃうね。

エントロピーが最大になるのは、まったく平らなときだ。逆に勾配がきついときには、エントロピーは小さくなる。エントロピーのことを乱雑さとか無秩序とか言ったけど、本当のところ、平坦《へいたん》さこそエントロピーの正体だ。そして、平坦さが増していくことを、エントロピーが増大する、と言うんだ。

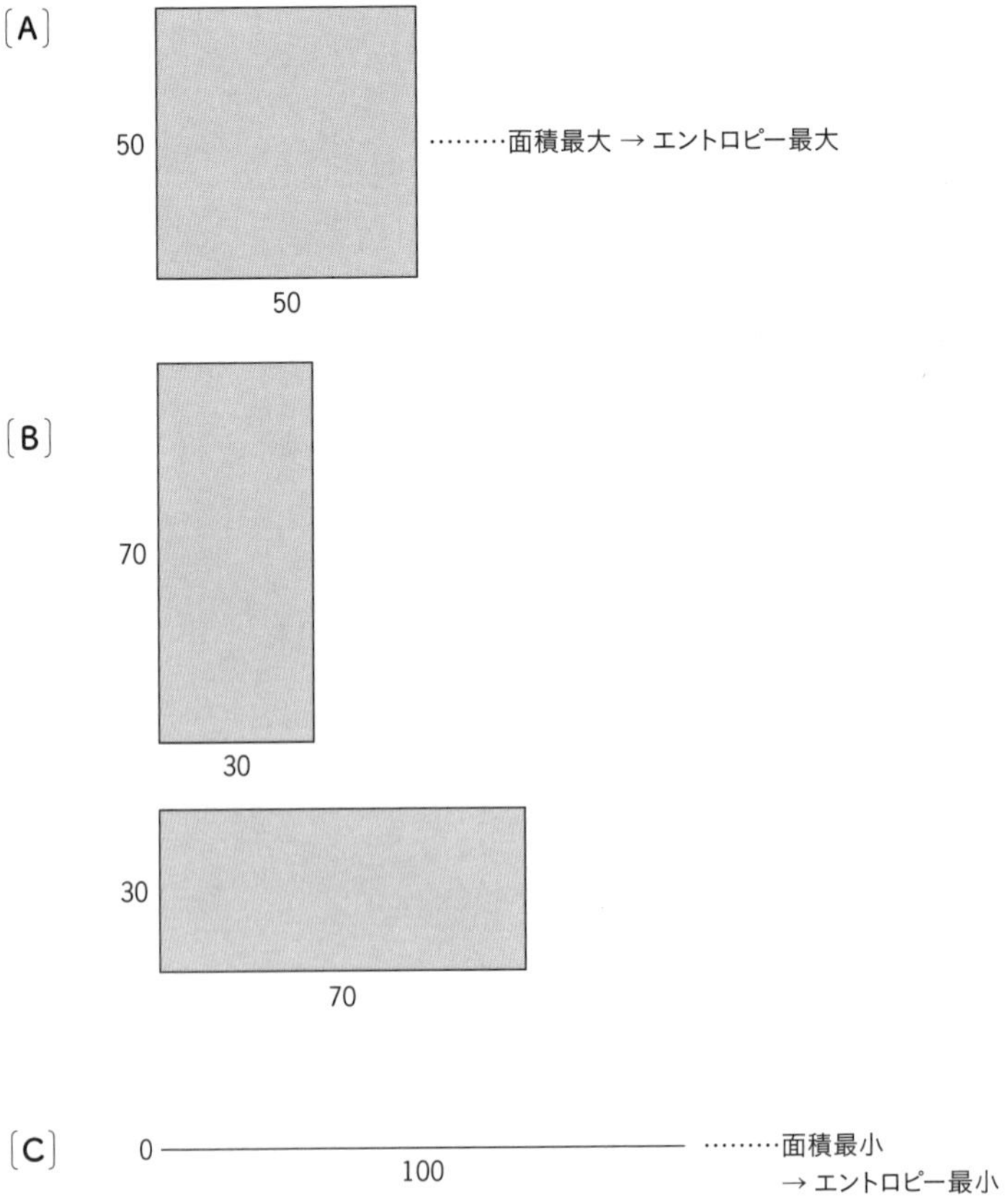

㊹エントロピーの四角形

エントロピーを四角形で考えると、面積が最大（縦横の辺がフィフティ・フィフティ）になるときが、情報の無価値、すなわちエントロピー最大の表現となる〔A〕。

これは覚えておくといいと思う。これから大学に入ったり、社会に出たりすると、「エントロピーというのは乱雑さが増すことなんだよ。人間社会も、放っておくとエントロピーが増大しちゃうんだ」なんて話に出会うかもしれない。でもそれはちょっと意味が違うと思うんだ。人間社会におけるエントロピーの増大は「富の偏りが平らになる過程」と考えればよい。つまり、はじめのうちは王様に集中していた富が少数の諸侯に分配され、やがて民衆にも広く平らに平等に分配される歴史だと。

水を落とすことと、火を燃やすことはまったく同じ

エントロピーを理解するには「平坦さ」という概念はとても便利なんだ。僕はさっきエントロピーはエネルギーと裏腹の関係にあると言ったね。そこで次に、エネルギーについて考えてみよう。講義の初日で積み残していた問題だ。

エネルギーというと、僕はすぐに電気エネルギーを考える。発電だ。原子力、火力、風力……いろいろな発電形態があるけど、まずは水力発電を考えてみよう。

水は高いところから低いところに流れる。この高低差を利用して水を落とし、羽根車（タービン）を回すことで電気を生み出す。これが水力発電の仕組みだ。ここでは高低

差が大事。

もしも高低差がなくて平らだったら、水は流れなくなるので発電は無理でしょう。水力発電は高低差を使って水を落とし、水の流れを「平ら」にする作業なんだ。このとき一方でエントロピーは増大しながら、他方で電気エネルギーが発生している。ただし、発生といっても、無から生じたのではなく、隠れていたエネルギーが電気エネルギーに変換されたんだけどね。それまで隠れていたのは、いわゆる重力的位置エネルギーだ㊺A。

——位置エネルギーについては何か知っているかな?

——高いところでは位置エネルギーは大きい。

そうだよね。高いところにある物質が持っている位置エネルギーのことを重力的位置エネルギーって言う。だから水を落とすと重力的位置エネルギーが運動エネルギーとなって現れ、低所でタービンに当たると運動エネルギーが機械的エネルギーになってタービンを回す。もっと高いところから落とすと、もっと回す。

水力発電はこれで分かったけど、火力発電は何をやっているんだろう?

——水を蒸発させて、水蒸気が流れる力でタービンを回して電力を得る。

水をどうやって蒸発させるの?

——もちろん、火を燃やして。

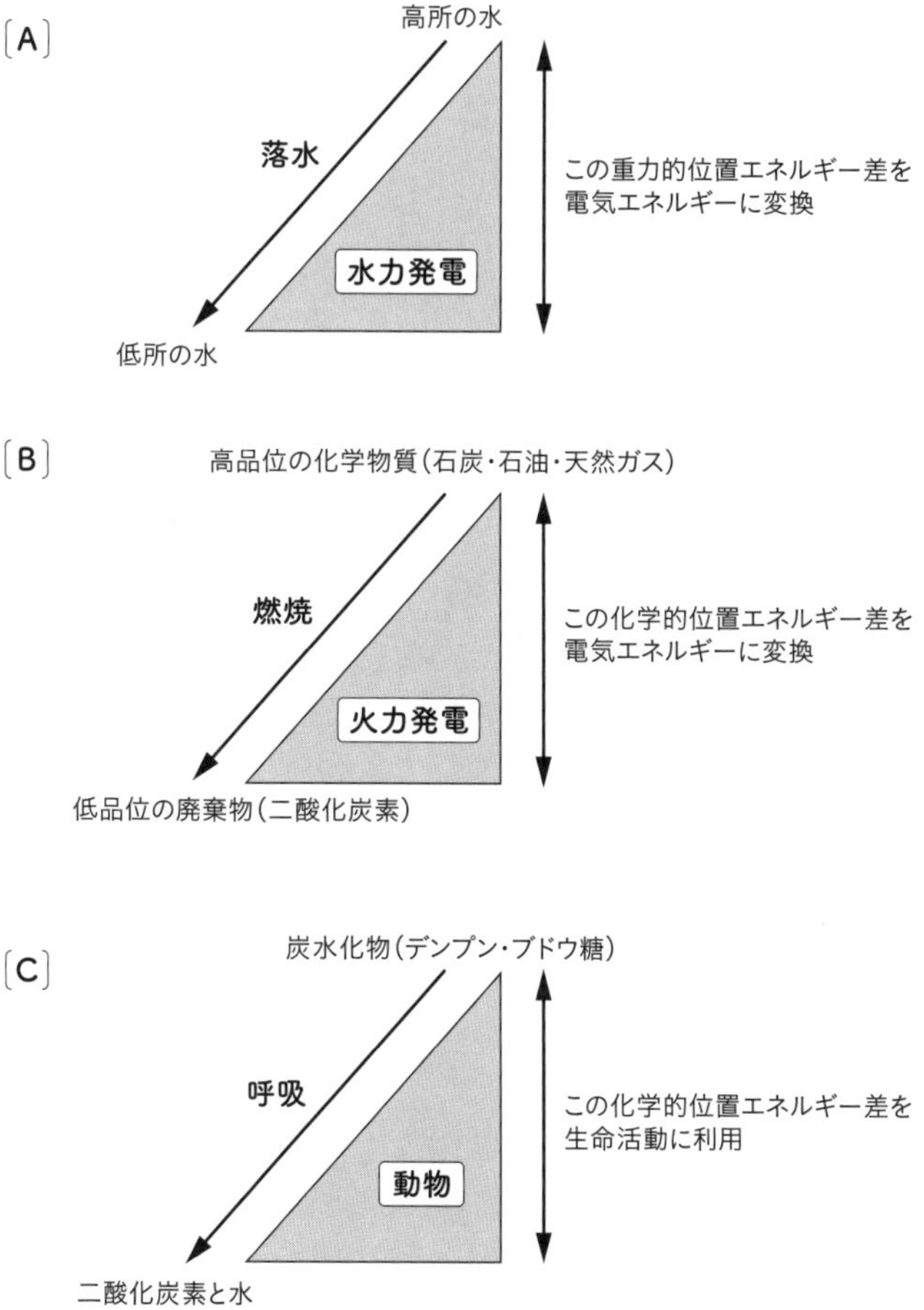

㊺水力発電と火力発電の潜在的エネルギー

水力発電では、高所から水を落とすことでエネルギーが発現する〔A〕。火力発電では、高品位の化学物質を燃やすことでエネルギーが発現する〔B〕。生命活動も同様に、高品位の炭水化物を燃やす（呼吸する）ことでエネルギーを得て維持される〔C〕。

そうだね。水力発電と火力発電は、落水の力でタービンを回すか、水蒸気の力で回すかの違いだ。でも、この2つはイコールなんだ。水を落とすことと、火を燃やすことは同じことなの。でもどうしてイコールなんだろうね。

火力発電の場合、燃やすのは主に石炭、石油や天然ガスだ。それを燃やすと何が発生するの？

――二酸化炭素。

うん、そうだね。火力発電の場合、燃やす石炭や石油は位置エネルギーが高くて、二酸化炭素は位置エネルギーが低いと考えてしまっていい。

燃やすということだから、この場合の位置エネルギーは、石油など化学物質に含まれているので、正確には「化学的位置エネルギー」という概念で捉えられる。そもそも位置エネルギーというのは、英語ではpotential energyと言うんだ。「潜在的なエネルギー」とでも直訳できるだろうか？　まあ簡単に言えば、秘められた能力だ。

石炭や石油を燃やすことで、そこに秘められた化学的位置エネルギー（短縮して「化学エネルギー」）が発現し、その化学エネルギーが水を蒸発させて電気エネルギーを生み出す。これが火力発電だ㊺B。

気づいたかな？　ここにも高低差があるよね。石炭や石油という高い化学エネルギーから、二酸化炭素という低い化学エネルギーに向かっての流れがある。つまりこれもエネルギーの流れを「平ら」にする作業なんだ。

水力発電の場合、高いところにある水は、高いところにあるというそのことだけで、秘められたエネルギーを持っている。この潜在的エネルギーを引き出すには、落とすしかないよね。落として初めて、それが持っているエネルギーが顕在化する。そのエネルギーを利用して、電気エネルギーを作るんだ。秘められたエネルギーという概念を理解してもらえれば、火を燃やすことと、水を落とすことはまったく同じということが分かってもらえると思う。

資源というのは「秘められた高いエネルギー」を有するもので、それが失われたら廃棄物になる。二酸化炭素は廃棄物だ。しかし、もっと本質的な廃棄物がある。それは熱（熱エネルギー）。「秘められた高いエネルギー」の一部は不可避的に熱として周囲に放散（散逸）してしまう。いったん散逸した熱エネルギーは、コップに滴下したインクのように、もう元の塊には戻らない。仮に熱の塊があるとしても、それは「低品位《ていひんい》なエネルギー」と呼ばれ、他のエネルギーより少ししか仕事をする能力がない。

エネルギーが高まるとエントロピーは減少する

原子力発電も、原子核がそもそも持っている、秘められたエネルギーを取り出す反応だ。だからこれは核力的位置エネルギーと言える。では、実際の生物はどんな位置エネルギー（潜在的エネルギー）を利用しているんだろう？　われわれを駆動しているエネルギーは重力的位置エネルギーだろうか？

――違うと思います。細胞の呼吸とか、光合成とかの化学エネルギー。

そうだよね。呼吸は燃焼と同じということはなんとなく分かっているでしょう。デンプンなどの栄養物（有機物）を酸素で燃やし二酸化炭素と水として捨てつつエネルギーを生み出す。これは、石炭や石油を燃やして二酸化炭素を排出しエネルギーを得る火力発電とまったく同じだ。われわれは明らかに化学的位置エネルギーで動いている㊺C。

人間が燃やすのは主に炭水化物、デンプンやブドウ糖なんかだ。どれも高い位置エネルギーを持っている。それらがどこから来たかというと、全体講義のときにも言ったけど、もともとは太陽の光から。

太陽の光エネルギーを受けて、植物は、エネルギー的には低品位の二酸化炭素を高品《こうひん》位《い》のデンプンやブドウ糖という形に変える。これが光合成だったね。

植物は太陽の光エネルギーを位置エネルギーに変換して、デンプンやブドウ糖という「高い」ところで蓄《たくわ》えているんだ。光合成とは、いわば、低所にあるものをヨイショって高所に持ち上げるのと同じこと。逆に高所にあるデンプンやブドウ糖を低所に下ろす（燃やす）というのが、われわれの呼吸だよね。だから、光合成と呼吸は同様に位置エネルギー（潜在的エネルギー）で理解できる。

もうひとつ例を挙げよう。太陽の光エネルギーで海が温められると、水蒸気が上昇するよね。空に上がった水蒸気は雨になって降ってきて、ダムに溜まる。重力的位置エネルギーで言えば、太陽の光によって水蒸気がぐーっと持ち上げられて高いところに集まる。それを低いところに落とすのが水力発電。

位置的な「高低」とエネルギー品位の「高低」を混同して話してきたけど、僕の考えでは、それは混同しても構わない。実は高低差を自ら開拓していくところに生命っぽさがあるのだから。

太陽は宇宙にとっての反逆者？

さあ、ここまではエネルギーの話。エントロピーの話に戻ろうか。二酸化炭素はエネルギー的に低品位だって言ったけど、エントロピー的にはどうだろう？　デンプンやブドウ糖が二酸化炭素になるってのはエントロピーが増えているか減っているか。

――増えている。

そう、増えている。呼吸によって1個のブドウ糖分子から二酸化炭素分子は6個出るんだよ。ひとつにまとまった高品位のエネルギーが分散し低品位になる。これは、エントロピーが増大するということだ。インク滴をコップの水に落とすと広がる、というさっきの例を思い出してほしい。二酸化炭素はエネルギー的に言えばゴミなんだ。ゴミが増えるとエントロピーが増える。さっき部屋が汚くなるという譬《たと》えをしたよね。二酸化炭素の場合もそれに似ているんだよ。

もう一度言うけど、熱力学の第二法則は「エントロピーは増大し続ける」ということだ。この宇宙は、どういう理由か知らないけど、エントロピーがどんどん増大して、元には戻らない宇宙なんだ。コップの水に落としたインクは、広がっていって元には戻らない。二酸化炭素だって勝手に6個集まってブドウ糖になるってことはない。

水が落っこちる。石炭や石油が燃えて二酸化炭素になる。エネルギー的に言えばモノが高いところから低いところに移動して、高低差がなくなって平らになる。これはエントロピー的に言えば、エントロピーが増大するということ。

地球レベルで考えても、エントロピーは増大する一方だ。しかし、この過程に太陽の光エネルギーが入ってくるおかげで、エントロピーが大きくならずに済んでいる。太陽光によって水蒸気は空に上がり、それが雨となって地表の高所に水力発電の貯水池ができる。植物は光合成によって低品位の二酸化炭素から高品位のデンプンやブドウ糖を作る。太陽のおかげで、地球（および他の惑星など）はなんとかエネルギー的に平らな終末的世界にならずに済んでいる。

もし、太陽がなくなったら、海底火山から出てくる、あるいは、地下世界に秘められた化学エネルギーだけしか使えなくなるよね。そう、チューブワームの世界だ。この化学エネルギーの埋蔵量《まいぞうりょう》はよく分からないけど、単に熱エネルギーの移動（フラックス）だけ考えると、太陽からは1367ワット／㎡（これを「太陽定数」と言う）のエネルギーがあるのに対して、地球内部からは69ミリワット／㎡（平均地殻熱流量）しかない。太陽からのほうが約2万倍も大きいね。もし太陽がなくなったら、地表はもう荒れ果てた平らな世界になるかもしれない。

あっ、そうそう、全体講義のときに「地下生物圏の生物量（バイオマス）は地表生物圏（陸上と海洋）のそれより大きい」って言ったよね。あれは、あくまでも生物量っていう静的（スタティック）なものの場合。たとえば、増殖量とか代謝量といった動的（ダイナミック）なものを考えると、地表生物圏のほうが総量はずっと大きい。地下生物圏は「なりはデカイが動きは遅い」というイメージ。結局、太陽の光エネルギーを受けるから地表生物圏のほうが物質の動きはダイナミックになる。

このことをどう考えたらいいんだろうか。宇宙は全体的にエントロピーがどんどん増えていって、乱雑で平らな世界にまっしぐらだ。しかし、太陽系という局所的な部分においては、エントロピーの増大が抑えられている。太陽の光エネルギーの恩恵《おんけい》を受けているからだ。太陽のおかげで地球も平らな世界にならずに済んでいる。

そうだとして、太陽はいったいどういう存在なんだろう。この宇宙に対する反逆者なんだろうか？　この宇宙がせっかく平らになろうとしているときに、太陽はそこに高低差（温度的には凸、エントロピー的には凹の段差）を作っている。どうしてだろう。この問題を考えるために、ちょっと違った観点を出そう。さあ、これからいよいよ生命の本質の核心に入っていくよ。

生命とは渦巻きだ

僕は「渦巻《うずま》き」に興味を持っている。なぜならば、渦巻きは水の流れの中にのみ存在するから。宇宙においても、エネルギーは形を変えながら、ずっと流れている。太陽から地球へ。そして、地球からもっと遠くの宇宙へ。では、エネルギーの流れの中にも渦巻きがあるんだろうか。あるとしたら、それは、もしかしたら生命のこと、「生命の渦」なんじゃないだろうか、って考えているんだ。

さっきせっかく水の例を出したので、これで話を進めよう。川の流れをよく見ていると、ところどころに渦巻きがある。渦巻きというのは、ちょっとした構造体だよね。乱雑ではなく、ちゃんと秩序を持っている。秩序のない構造というのは、絵には描けない。逆に絵で描けるものにはたいがい秩序とか構造があると思ってもらっていい。

渦巻きは秩序ある構造だ。もし地面に高低差がなくて平らだったら、水の流れも存在しないし、そこには渦巻きなんてできない。水の流れがあって初めて、渦巻きはできるんだ。もちろん、渦巻きを作っている水の分子は、刻一刻と出入りしているんだよ。だから、この渦巻きを作っている水の分子は、いつも同じではない。必ず入れ替わりがある。これは分かるよね㊻A。

しかしこの渦巻きという「パターン」は残る。しばらくのあいだ、場合によっては何年も残る。水の渦巻きは長くは残らないけど、大気の構造だと何年も残る。いい例は、木星の大赤斑《だいせきはん》だ㊻B。木星に巨大な赤い斑点があるんだけど、これも気流でできた渦巻

[A]

[B]

㊻渦巻きのパターン

鳴門の渦潮〔A〕と木星の大赤斑〔B〕。液体と気体の違いはあるが、どちらも同じ渦巻き構造を形成する。〔B〕© NASA/ courtesy of nasaimages.org

きなんだ。少なくとも350年ほど前に発見されたときからずっとあるんだから、ずいぶん長時間存在しているんだね。

　大気は気圧の高いところから低いところへ流れる。やっぱりここにも高低差がある。気圧の高低差があって、空気が流れる。その過程で渦巻きができるんだ。渦巻きを作っている気体の分子も、刻一刻と入れ替わるけど、パターンは残る。これって何かに似てない？

――代謝？

　そう、新陳代謝《しんちんたいしゃ》。代謝には、エネルギーを生み出す代謝と、体を作る代謝があって、後者（物質代謝）を新陳代謝と言う。ご飯を食べて、糞便や呼気、いろんな形で排泄《はいせつ》されるけど、自分たちの外見は変わらないように見える。みなさんは自分が生まれてから今にいたるまで、同じ体だと思う？

――入れ替わって……いる？

　そう、原子や分子レベルでは入れ替わっている。

――細胞もですよね。

　うん、もちろん細胞もほとんど入れ替わっている。長い目で見ると、実は骨や歯も入れ替わっているんだよ。たぶんみなさんの体の中で、赤ちゃんのときからずっと存続している分子や原子はない。

――でも、見た目には変化はない。

そう。じゃあ、いったい何が変わらない本物なの？っていう話だよね。すべてを物質に還元する哲学的立場を唯物論《ゆいぶつろん》と言う。われわれ人間には、心という特別なものがある。でも結局心だって意識だって、脳のニューロンの（物理的・化学的な）働きによって構成され、機械論的に進んでいくだけだ。物質に基礎を置く唯物論はそう考える。でも、この考えは、今のわれわれには通用しない。だって、物質なんてすべて入れ替わっているのに、僕は僕として、同一性と連続性をずっと保っているんだから。

僕と君とが1年前にある約束したとしよう。1年後の今、約束を守ってくれないと君が僕に訴える。そのときに、「僕は1年前に約束をしたけれども、もう体の細胞のなにからなにまで入れ替わって別人になっちゃったから、そんな約束は知らない」って言ったらどう思う？　唯物論だと、この理屈が通りかねないんだ。

じゃあ、個人のアイデンティティーはどこにあるんだろう。みなさんは生まれてから今にいたるまで、自分の同一性や連続性を疑ったことはある？　基本的に私は私、ずっと連続しているって信じているよね。どうしてそう言えるの？

――見た目に言える。

えっ？　もう一回言ってくれる？

――大きい変化が見た目にないから。

そうそう、その「見た目」のことをまさに、パターンって言うんだよ。じゃあ生命の本質って何？　パターンだろうか？

――……。

パターンでいいんじゃないの？　自分の本質は自分の形をなすパターンであって、パターンを作っている分子や原子が入れ替わったって何の問題もないでしょ？　渦巻き理論によって、生命の本質はパターンだと思えてきたらいいなって思うんだけど、まだそこには到達しにくいかな？

――人間に当てはめたら、なんとなく分かるんだけど……。

えーっと、これはあらゆる生物でもそうだよ。ゾウであれ大腸菌《だいちょうきん》であれ。

――でもそうすると、石や本や机も生命、っていうことになりませんか？　あるパターンを作っているので。

石は物質の入れ替わりがないでしょ。本も机もそう。最初に与えられた形が残っているだけ。それもやがては風化し、ボロボロに崩れていく。だから、これらはパターンを保っているとは言えないと思う。物質の入れ替わりがあるうえで、パターンがある。これが大事だ。

パターンが同じであれば、同じ生命か？

――『ポケットモンスター』に「メタモン」っていうモンスターがいるんですけど……。

メタンかと思った（笑）。どうぞ、進めて。

――「へんしん」という技を使ったら、相手のポケモンに形が化《ば》けられるんですよ。つまりパターンを変えられるんですけど、変身したあとはどうなっちゃうのかな……。

たしかにパターンを似せられたらけっこうヤバいよね。もし、パターンを似せるんじゃなく、まったく同じパターンを写しちゃうのなら、それは複製（コピー）と同じだと思う。細胞分裂とは違うレベルでの複製ってことになる。君はどうかな？

――昨日のヴェンターの人工生命。あれはＤＮＡをそのままコピーしたものなので、パターンでいったら何も変化はないですよね。そしたら、パターンが同じ生物でも違う生物だってことにはなりませんか？

ああ、別の新しい学名をつけたマイコプラズマの話だね。ＤＮＡが同じでも「生命のＯＳ」すなわち細胞質とか細胞膜が違えば、まったく同じ表現型（パターン）が出ないこともあるでしょ。あの実験の眼目《がんもく》は、人間がフラスコの中でＤＮＡを作ってしまったというところにある。われわれ生物学者には「生命は生命から誕生する」という強い信念があってね、生命のパーツであるところのＤＮＡもまた、生命から生まれてくると信じていたんだ。でも人間の手で作れてしまった。

――そしたらクローンはどうなるんでしょうか。クローン羊とか。

クローンはまさしくパターンの複製だよね。

――ですよね。でも、そうすると、パターンが同じクローンと自分は同じということになってしまいませんか？

基本的に同じじゃないのかな。ただ、クローンの場合、「生命のＯＳ」たる細胞質の歴史が違うとき、まったく同じというわけにはいかないかもね。たとえば、クローンを作るのに、ＥＳ細胞（胚性幹細胞《はいせいかんさいぼう》）から作るのか、皮膚《ひふ》の細胞から作るのか、皮膚の細胞をいったんｉＰＳ細胞にしてから作るのかによって、クローンの表現型（パターン）が変わるかもしれない。

――突然変異はあるかもしれないけど、無性生殖はどうですか。

いいねえ。クローンというのは、もともと無性生殖から出てきた言葉なんだ。まさに無性生殖はクローンと同じだ。

――じゃあ、無性生殖をする生物から見たら、世界中にいっぱい自分がいるということですね。

そう。バクテリアは無性生殖、つまり細胞分裂で増えるんだけど、分裂後はどっちがオリジナルでどっちがコピーか分からない。「世界中にいっぱい自分がいる」ってことだ。それはまさに『マトリックス リローデッド』(2003年)に出てくる「エージェント」という敵役《かたきやく》スミスの世界だね。そうやって、自分と同じであれ、自分とちょっと同じであれ、自分と違ったものであれ、どんどんパターンが世界に広がっていくのが生命っぽさだと思う。

散逸構造の仕組み――対流によって早く熱を捨てる

パターンということが分かると面白くなってくるよ。昨日紹介した動く油滴をまた思い出してほしい。油滴の周りの水中には、実は原料物質(無水オレイン酸)、人間にとってのデンプンやブドウ糖に相当するものが入っていたんだった。油滴はそれを一種の資源または栄養として取り込みながら、できてしまったオレイン酸の膜を廃棄物として捨てるわけ。

つまり、あの油滴だって、高いエネルギー品位にある物質（無水オレイン酸）を取り込み、加水分解《かすいぶんかい》反応により、低いエネルギー品位のオレイン酸膜を作っているんだ。しかも、油滴の内部にはマランゴニ対流という渦状構造、すなわちパターンができている。

もちろん、原料物質の供給が止まればこの渦巻き構造は消える。僕が思うに、油滴が動くのは渦巻き構造を維持するうえでの副産物だと思う。動くことそのものには意味がなく、むしろ油滴の内部に対流ができるってことが重要だ。

実はこの渦巻き構造のことを「散逸構造」と呼ぶ。「生命とは（非平衡開放系における）散逸構造である」って今日のはじめに言ったよね。「渦巻き＝散逸構造」というこのパターンにどんな秘密があるか、これから考えていこう。その前に、「散逸」という言葉には馴染《なじ》みがないと思うので説明をしよう。熱が周囲の環境に放散していくことが散逸だ、ってちょっと前に言ったよね。その散逸のこと。

散逸とは一般に「纏《まと》まっていた資料がばらばらになって行方が分からなくなること」だ。物理学でいう「散逸」もそれと同じで、高品位のエネルギーが低品位のエネルギーになって失われること。具体的には、熱以外のエネルギーが熱になって逃げることと考えていいよ。

熱の逃げ方、あるいは熱の伝わり方には放射・伝導・対流の３つがあるよね。放射は光が熱を伝えることだから、ここでは省いておこう。あとは伝導と対流。はい、ここで質問。ビーカーに水が入っていて、下から熱を加えます。すると何が起きる？

——熱で対流が起きます。

そう。でも、最初のうちは、熱はジワーっと「伝導」で伝わっていく。そして、お湯が熱くなってくると、「対流」が起きるようになる。ちょっと描いてみてくれるかな？

水の下層と水の表面の温度差、そして、水の表面と外の空気の温度差が大きくなると対流が起きるんだったね。

ほう、えらい凝《こ》っているな㊼。さすがだね。ところで外側の水はどうして沈んでいくの？

——行き場がないというか……。

じゃあどうして逆に、水は外側から上がってきて真ん中で沈まないんだろう？

——内側の水が先に上がるのは、火が中央にあるからでしょ？　エネルギー源が近ければ近いほど、受け取るエネルギーは増えるから。

——じゃあ、ガスコンロみたいにビーカーの底に火をまんべんなく当てたらどうなるんだろう？

——それだったら、対流の向きは逆に……なるのかな？

いろいろ迷ってしまうね。そもそも対流はなぜ起こるんだろう？　温められた水は浮

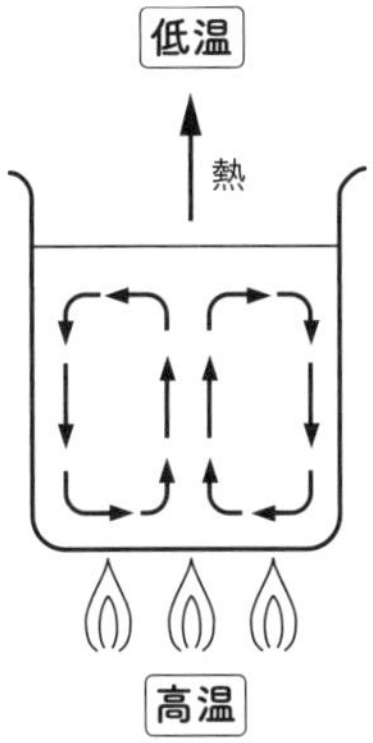

㊼対流の仕組み
対流は温度差によって生じ、温度差を早くなくすための「構造」である。

力を得て浮き上がるけど、ランダムに浮いてもいいわけだよね。液面のあちこちでばらばらにボコッボコッて。浮き上がるだけでいいんなら、流れはこの絵とは逆回りでもいいわけだし。

対流が起こるのは、熱を早く捨てたいからなんだ。ビーカーの下には炎という温度の高い部分がある。他方、ビーカーの周囲には空気があって、その室温はお湯より低い。そうすると、ビーカーのお湯をはさんで温度の高低差があるでしょ。対流は、この温度差を早く平らにする運動なんだ。エントロピー増大原理を思い出したかな。

どういう理由か知らないんだけど、この宇宙にはいろんなものの高低差を平らにしようとする「原理」が働いている。その原理は「時間の矢」と関係しているんだけど、この対流というのは、温度の高低差をなくして真っ平らにするために、お湯から空気へと熱を早く捨てるための仕組みですな。

六角形は散逸構造の典型

今のビーカー実験では、温められた水は真ん中でボコッと湧き上がって周囲に広がって落ちていく。これはいわば噴水的な対流だ。これは何も珍しい現象じゃないんだけど、ある条件のときにもっと面白い現象が見られる。「ベナール対流」と呼ばれている現象だ㊽。

今の実験でも、ビーカーの直径と水の深さと加える熱量によっては、ビーカーの中にこうした小さな泉がいっぱいできることがあるんだよ。噴水型の対流は泉オンリーワンタイプなんだけど、ベナール対流はマルチ泉型になるわけ。

この特殊な対流では、複数の泉が隣り合っている。これを上から見ると、個々の泉は典型的な六角形構造をしている。六角形じゃない部分もあるんだけど、おおむね六角形だ。ハチの巣の構造もそうだけど、自然界において6はマジックナンバーなんだ。

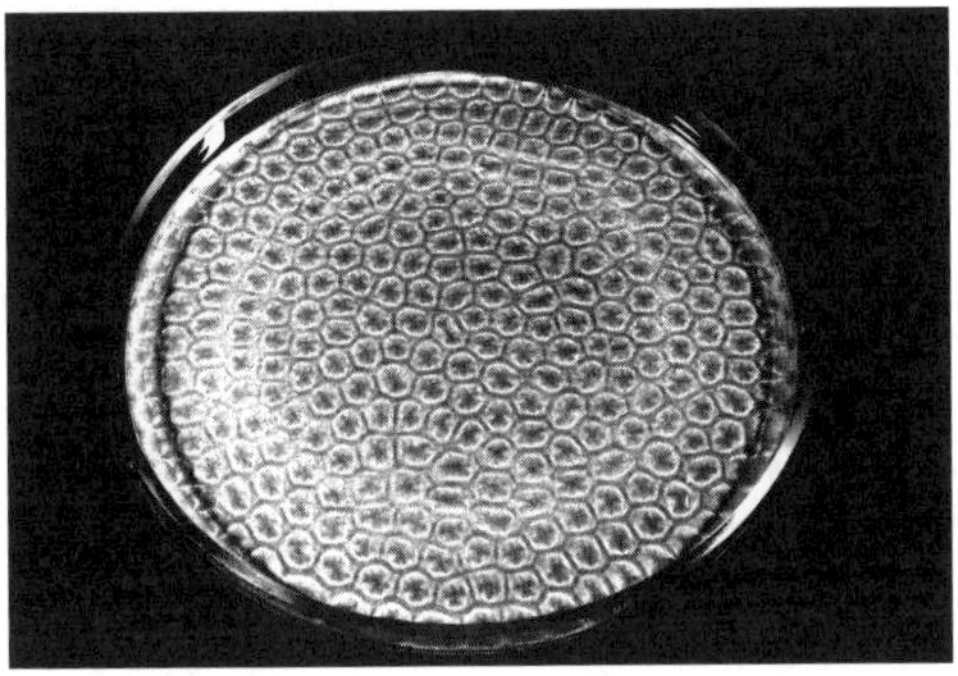

㊽ベナール対流
液層を下から熱し（あるいは上から冷し）、上下の温度勾配がある臨界点を超えると、液体の表面に小さな六角形が整然と並ぶ。１つひとつの六角形構造の中で対流が生じている。
© 三沢信彦

ベナール対流の泉一つひとつは、うまく作ると六角柱になる。個々の六角柱の中を泉が上がってきて、表面の六角形の真ん中で噴《ふ》いてはまた六角柱の壁面に沿って沈む。隣り合った六角柱の境目に沿って沈むと言ってもよい。どう？　すごく整然としているでしょ。ただお湯を沸かしているだけなのに、ひとりでに構造ができてしまうんだ。

高い空に出る「いわし雲」（巻積雲《けんせきうん》）は空気のベナール対流を下から見たものだ。風のせいで必ずしもきれいな六角形には見えないかもしれないけど㊾A。南極で見た永久凍土《えいきゅうとうど》の表面も、凍結と融解の繰り返しのときに起こる、たぶん一種の対流なんだろうな、六角形構造ができていました㊾B。

実はベナール対流こそ散逸構造の典型的

な例だ。ベナール対流の六角柱群の構造がある場合とない場合（ランダムに水が湧き上がる場合）では、どっちが早く熱エネルギーを捨てることができるだろう？　逆に言えば、どっちが早くエントロピーが増大するだろう？

答えは、散逸構造があったほう。たとえば水がボコボコと無秩序に湧き上がる乱流状態よりは、秩序の整った対流のほうが、早く熱が捨てられる。「熱を捨てる」というのは、加熱された水分子が液面に移動して空気の分子に熱を渡すことだ。つまり、ビーカーの底から液面まで水分子がどれだけ早く到達するかが問題になる。

乱流でも対流でも、水分子が動く速さは同じだ。でも、液面に到達する早さは対流のほうが早い。対流だとほぼ直線の最短コースで水分子が移動するのに対し、乱流だとあちこち動き回るから実際の移動距離がすごく長くなると考えればよい。

散逸構造は「小を捨てて大を取る」ための手段

ここでよく考えてほしい。散逸構造ははっきりとした秩序だよね。構造や秩序ということはエントロピー増大に反する、というかエントロピーが低い状態だ。エントロピーというのは、乱雑さや無秩序の指標だからね。散逸構造そのものはたしかにエントロピ

〔A〕
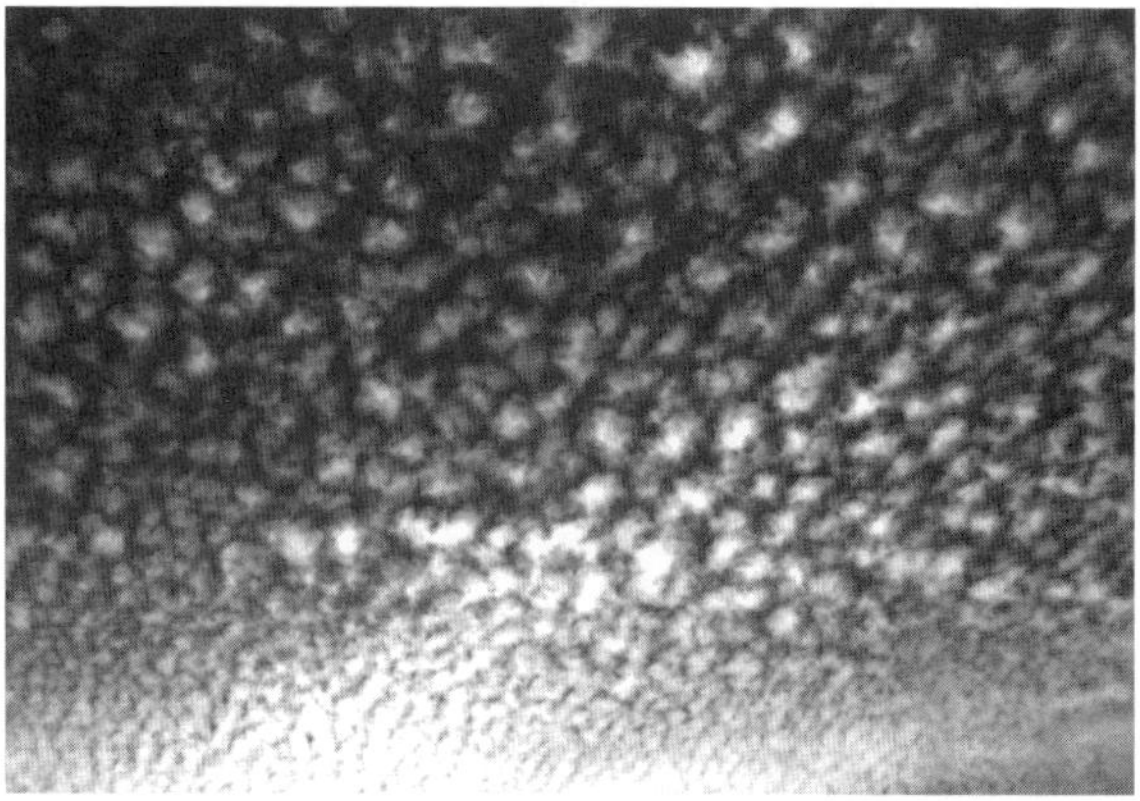

〔B〕

㊾ベナール対流の六角構造（いわし雲と永久凍土）

〔A〕いわし雲（巻積雲。うろこ雲とも呼ばれる）は、特殊な条件下で大気に対流が起きたときに生じる。水や雲だけでなく土にもベナール対流が現れる。〔B〕は永久凍土の表面（活動層）が融解・凍結を繰り返してできた模様。南極大陸にて著者撮影。

〔A〕© 壁紙村　http://kabegamimura.net

ーの増大を妨げている。でももっと大きい視点、散逸構造を取り巻く環境も含めて全体として見れば、熱はさっさと捨てられている、というよりもっと早く捨てられていく。

全体的に見るとエントロピーはさっさと増大するが、局所的に見ればエントロピーは減少している。散逸構造はそのための手段だ。このことを指して、僕は「小を捨てて大を取る」と言っているんだ。

宇宙を貫く最強の原理は、なんといってもエントロピー増大原理だ。理由は知らないけれど、宇宙は乱雑さが増し、無秩序になり、平らになっていく。しかもそれは、宇宙からすればさっさか進んだほうがいい。それを実現するために、場合によっては「小を捨てる」。散逸構造に存在する秩序はそういう「捨てられる小」というパターンだ。そして、最終的にはそれが「大を取る」ことに寄与し、全体としてはさっさと平らになってしまう。

散逸構造について言われていることは、われわれ自身にも当てはまる。われわれ人間もパターンであり、渦巻きだから。われわれは、ベナール対流の六角形構造の1個1個なんだ。

太陽の光エネルギーを利用して、植物はデンプンやブドウ糖を作る。われわれはそれを呼吸という形で燃焼して、活動するのに必要なエネルギーを得る。でも人間が食べた食物のほとんどが、自分の体にならずに排泄されるか、あるいは熱や二酸化炭素として放散されるでしょ。

われわれは結局、発熱機関というよりも、熱を捨てる放熱機関なんだ。われわれがいないより、いたほうが、熱はさっさか捨てられるんだよ。生命というのは、自らは小さなパターンを作りつつ、大局的には宇宙全体を熱的に平らにするために存在する。散逸構造ということを知った今、そんなふうに生命を捉えることが可能になる。

生命は宇宙の熱的死を早めている

太陽の表面温度は６０００℃もあってとても熱いけど、宇宙空間はマイナス２７０℃と非常に寒い。しかし長い宇宙の歴史の果てにはやがて熱的に平らになってしまう。この状態を宇宙の「熱的死《ねってきし》」と呼んでいる。

宇宙の熱的死とは、宇宙全体のエントロピーが最大になる、宇宙の最終状態として考えられているわけだけど、そこには太陽みたいに極端に熱い場所がない。どこに行っても同じ温度。冷たいかどうかは関係ないんだ。何度（℃）であっても構わないけれども、もう温度の高低差が存在しない状態。暑い場所も、寒い場所も存在しなくて、全体が一様な温度になる。この状態はビッグバン宇宙論でいう「平らな宇宙」とは違うけど、それは別の話だから、また別の機会に。

平らな宇宙の熱的死。そこに向かって宇宙は明らかに突き進んでいる。それに加担しているのが、散逸構造を持った生命なんだ。じゃあ、生命はいったいどんな存在なんだろう？　宇宙の死を早めるだけの存在なんだろうか？　そうであれば、われわれは単なる宇宙の申し子、いや徒花《あだばな》なんだろうか？

生命が散逸構造であって、さっさか熱を捨てる存在だということは分かったけど、それは宇宙論的にはいったいどういうことなんだろう？　この宇宙にはどうしてそんな生命が存在しているんだろう？

カオスを利用して生命を作る

渦巻きやベナール対流みたいな、ただの散逸構造と生命の違いは何だろう。それは「生命とは自己増殖する散逸構造」だということだ。『生物はなぜ進化するのか』という本（ジョージ・ウィリアムズ著、長谷川眞理子訳、草思社、１９９８年）に引用されているんだけど、英国の生物学者ジョン・メイナード＝スミスがこんなことを述べた。

かたちの発生を理解するのがこれほどまでに難しい理由の一つは、われわれが、自己発生する機械を持っていないからかもしれない。われわれは、「胎児」型の機械を作ってはいない。

これに即して生命の問題をこう表わしていいかもしれない。

生命の本質を理解するのがこれほどまでに難しい理由の一つは、われわれが、自己増殖する散逸構造を持っていないからかもしれない。われわれは、「増殖する油滴」を作ってはいない。

どうしたら「増殖する散逸構造」を作れるだろうか。僕にはさっぱり見当もつかないけど、ひとつの可能性がある。それは複雑系でよく出てくる「カオス」というものだ。カオスって聞くと普通は混沌《こんとん》とか無秩序って思うでしょ。でも、北海道大学の数学者・津田一郎教授に訊《き》いたら「まったくランダムな確率論とニュートン力学的な決定論のあいだにあるもの」って教えてくれた。だから、カオスは混沌でも無秩序でもない、数式にできるものなんだ。

津田先生はこんな内容のことも言っている。「普通のカオスだと情報は時間とともに減っていき、いずれ消えてしまう。ところが、ある種のカオスだと情報が減衰《げんすい》する前に伝わりずっと残る。カオスは物質の状態変化（たとえば分子の振る舞いの変化）で簡単にできる。そういうカオスを使ってある場所で入ってきた情報が別の場所にも伝わる」って（『生命誌』第65号、JT生命誌研究館、２０１０年）。

ちょっと難しかったかな。僕なりに解釈すると、これは「カオスを使って情報伝達ができる」ということだ。もし、情報伝達と情報複製が同じと考えられるなら、「カオスを使って情報複製ができる」ことになる。どんな情報がいいだろう？ それは「散逸構造を作る情報」だ。つまり、散逸構造そのものではないけど、それを作る情報を複製し伝播《でんぱ》することができるんじゃないだろうか。その情報があたかも種子のように分散し、あちこちで散逸構造が芽生《めば》えるような。

宇宙のエントロピーの測り方

さあ、ここからは僕がみなさんに訊きたい。生命の存在意義っていったい何なんだろう？

――もしも生命が散逸構造として本当に宇宙にとって有益だったら、どうして生命は今のところ地球にしか見つかっていないんですか。むしろ、宇宙にもっとあるべきじゃないんですか？

――今の地球人の技術では見つけられないだけじゃないかな。

地球の外にも生命はいると考えられる。でも、地球人に見つけられるような、分かりやすい生命、たとえば、電波を出すような知的生命体はそれほど多くないかもしれない。逆に、われわれ人間が電波を送信したり受信してから、たった100年しか経ってないんだ。その前に宇宙人が地球を電波観察しても人間の存在は分からなかっただろうね。

――生命よりも効率のよい方法が存在しているとか。

なるほど、たしかに太陽はそうなんだ。宇宙にとっては太陽がないよりはあったほうがいい。太陽は原子核融合で発熱し、光を放射して熱を捨てている。だから、太陽も散逸構造なんだ。その熱量を考えたら、生命よりずっと大きな散逸構造だ。

――熱的死に近づくにつれて、だんだん生物が生きにくくなって数が減ってくる。散逸構造の総数も減って、エントロピーが増大しにくくなるわけですよね。そうすると、熱的死には永遠に近づかない、ってことはありませんか？　エントロピーが最大値にならずに、ずーっと漸近線《ぜんきんせん》が続くというか。

グラフにすると、こんな感じ？㊿　この宇宙ではある理由によって生命は途中から誕生した。そうすると、宇宙ができてから徐々にエントロピーが増大していたのが、生命の誕生によってその速度は加速される。でも途中から生命がだんだん生きにくい宇宙になってきて、エントロピー増大のスピードにブレーキがかかる。最終的には生命はいてもいなくても同じになる、みたいなことかな？　とても面白いね。僕にはこの観点がなかった。

このグラフの縦軸はエントロピー量、横軸は時間。君の言うことが正しいとすると、生命の存在は漸近線に近づくのをちょっとだけ早めるという感じかな？

——はい。理論的にはエントロピーは最大になることはないんじゃないかと。

そう考えてもいいよ。宇宙が永遠にぐうっと熱的死に向かって膨張し続けるのかどうかはともかく、いつまでも宇宙は「熱的死」に到達しないということだね。

——ひょっとしたら、時間は一方向に流れつつも、エントロピーが減少するように収束することもあるかもしれない。

うん、そうかもしれないな。エントロピーが大きい、つまり熱的に平らな宇宙に、何かの理由で温度の凸凹が生じ、偏りや傾きや勾配ができる。「熱ゆらぎ」があるように「宇宙ゆらぎ」（その原因は「量子ゆらぎ」）がある、ということだ。これは僕の妄想《もうそう》ではあ

㊿宇宙のエントロピー増大グラフ

宇宙誕生以来、増大するエントロピー量は漸近線を描く〔A〕。生命が生まれ蔓延ると「散逸構造」によってエントロピーの増加は加速するが、生きにくくなった生命が減少に転じ、再び漸近線に戻る〔B〕。

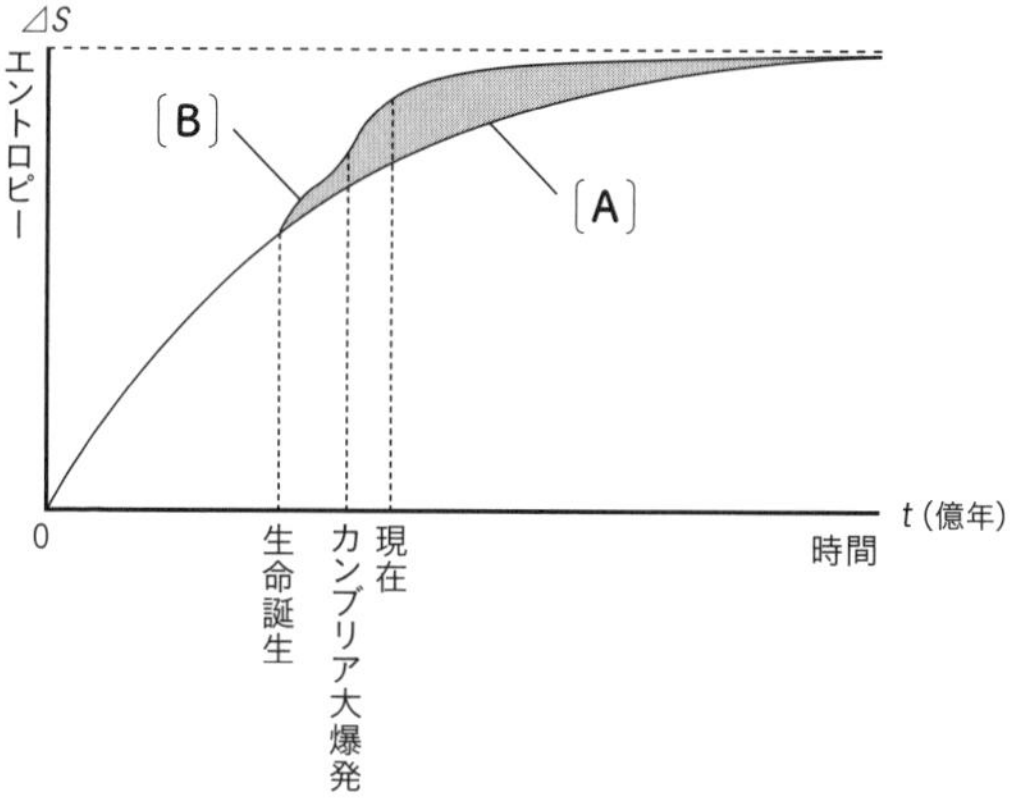

りません。ＮＡＳＡのＣＯＢＥ（コービー）という人工衛星で確かめられ、２００６年にノーベル物理学賞を贈られた理論なんだよ。

変な話をしよう。宇宙は膨張しているよね。それはだんだん減速に転じて、いつか止まってしまい、やがて収縮に転じるなんて思っているかな。実際は違う。今から約40億年前、宇宙の膨張が急に加速したんだ。これを「セカンド・インフレーション」と言う。この宇宙を「真空のエネルギー」が満たしていて、その斥力《せきりょく》によりセカンド・インフレーションが起きたんだって。そして宇宙の膨張のスピードはますます加速している。

これも僕の妄想ではありません。世界的

に権威ある科学雑誌*Science*が１９９８年のトップニュースに選んだほど重要な話なの。さっきのＣＯＢＥ衛星の後輩にあたるＷＭＡＰ（ダブリュマップ）衛星もそれを示すデータを取ったし。こういうドンデン返しみたいな話があるんだから、君が言ったこともあり得るかもしれない。

それにしても、さっきのエントロピー増大グラフは面白いよね。簡単にエントロピーグラフって呼ぼうか。これで生命活動によるエントロピー増大効果を測ることができるわけだもんね。

太陽系の外に生命を探知するには

――自分が宇宙だったら、エネルギー効率のいい同種の生物をたくさん作って、エントロピーをどんどん上げていく。

つまり、エントロピー増大に貢献するベストの生物種。論理的にはそうなってもおかしくないよね。でも、これは昨日の話に出た歯車理論に近いんだけど、生物が面白いのは、ベストじゃなくても何かうまくいってしまうということなんだ。生物は環境に合うように「適応」する。状況が変わると困ることもあるんだけど、自分よりうまく適応した個体がいなければ、それなりに何とか生きていく。歯車的に、適当に噛んでいればグニャグニャと柔軟に回ってしまうみたいな。

　その「適当に回ってしまう」というところにこそ「突然変異体」が細々と生きていけるチャンスがある。ある状況では細々なんだが、環境が変化したら「わが世の春」になるかもしれない。英語にも諺《ことわざ》があるでしょ。"Every dog has his day"って。それで変異体が「より多くの子孫」を残せたら、それは進化だ。

　進化が起きるには「変異体のプール」が大きいほうがいい。歯車でいえば、歯の数や形がいろいろあったほうがいい。いわゆる「多様性」が増すってこと。変異体のプールのことを「遺伝子プール」と言うこともあるんだけど、新しい環境が出現したとき、それに適応した個体が「より多くの子孫」を残す。でも、その子孫が世界を独占するのではなく、やはり「次の成功者」の母体となる変異体プールが存在する。どうだろう。そんな気がしない？

　さて、ちょっとしつこくて申し訳ないんだけど、時間とエントロピー増大の関係を表わしたさっきのエントロピーグラフは、この宇宙に生命がいるかどうかを判断する材料になるんじゃないかな。

「この宇宙」というのは「マルチバース」(multiverse)というのを踏まえた表現のつもり。

宇宙（universe）は、われわれが存在するこの宇宙たったひとつ（uni）である、というのが「ユニバース」の考え方だよね。でも最近の流行は、マルチバースだ。宇宙はひとつではなく、たくさん（multi）あって、われわれが存在するこの宇宙は、マルチバースのひとつにすぎない、っていう考え方だ。

インフレーション宇宙論によると、「宇宙のはじまり」という特異点のあと、10^{-36}秒後から10^{-34}秒後に宇宙が大膨張（インフレーション）したとき、たくさんの宇宙ができたらしい。日本の物理学者・佐藤勝彦先生が提唱した理論で世界に認められている。そのたくさんの宇宙の中で、たまたまこの宇宙にだけわれわれ生命が蔓延《はびこ》って、他の宇宙には生命が存在しないかもしれない（し、存在するかもしれない）。実はこの宇宙だって、はじめからもう一回やりなおしたら生命が誕生するかどうか分からないんだ。

そこでマルチバースの中に、生命の生まれた宇宙と生まれていない宇宙とを判別するとき、このエントロピーグラフが役に立つような気がするんだ。どうやって作るか分からないし、まして、どうやって使うかも分からないけど。もちろんこれは宇宙のみならず惑星についても当てはまるだろうね。

「系外惑星《けいがいわくせい》」って聞いたことあるかな。太陽「系」の「外」にある惑星を探す試みが続けられているんだけど、探査目的の第一はもちろん、地球型惑星の存在だ。

つい先月（２０１０年10月）に話題になったのはグリーゼ５８１(Gliese 581)という恒星の系外惑星系だ。太陽系から約20・４光年離れたところにグリーゼ５８１という中心星があって、その周りを惑星が回っている。b、c、d、e、f、gの６つだ。そのうちグリーゼ５８１gという惑星がどうも地球の１・２倍ぐらいのサイズ、質量は地球の３倍で、液体の水が存在しうるような温度帯、「ハビタブルゾーン」（生命存在可能範囲）にあるらしいんだ❺❶。

系外惑星の専門家、東京工業大学の井田茂教授の想像では、グリーゼ５８１gに陸地はなくて、表面すべてが水で覆《おお》われたウォータープラネット（水惑星）。ここには生命がいそうなんだよ。これまで発見された５００個以上の系外惑星の中でもっとも有力な候補と言われている。

グリーゼ５８１gみたいな惑星に本当に生命がいるかどうかを調べるために、さっきのエントロピーグラフを適用できないかな。たとえば、グリーゼ５８１gと他のグリーゼ系の惑星のエントロピー増加速度を比べる。あるいは、グリーゼ５８１gの表面のどこかで局所的にエントロピーが減少している点があったら、それは生命体かもしれない。

こういうことは、本来なら、生命の存在が知られている惑星、つまり地球で試せばいいんだよね。でも、地球という惑星のエントロピー増加速度って、どうやって測ったら

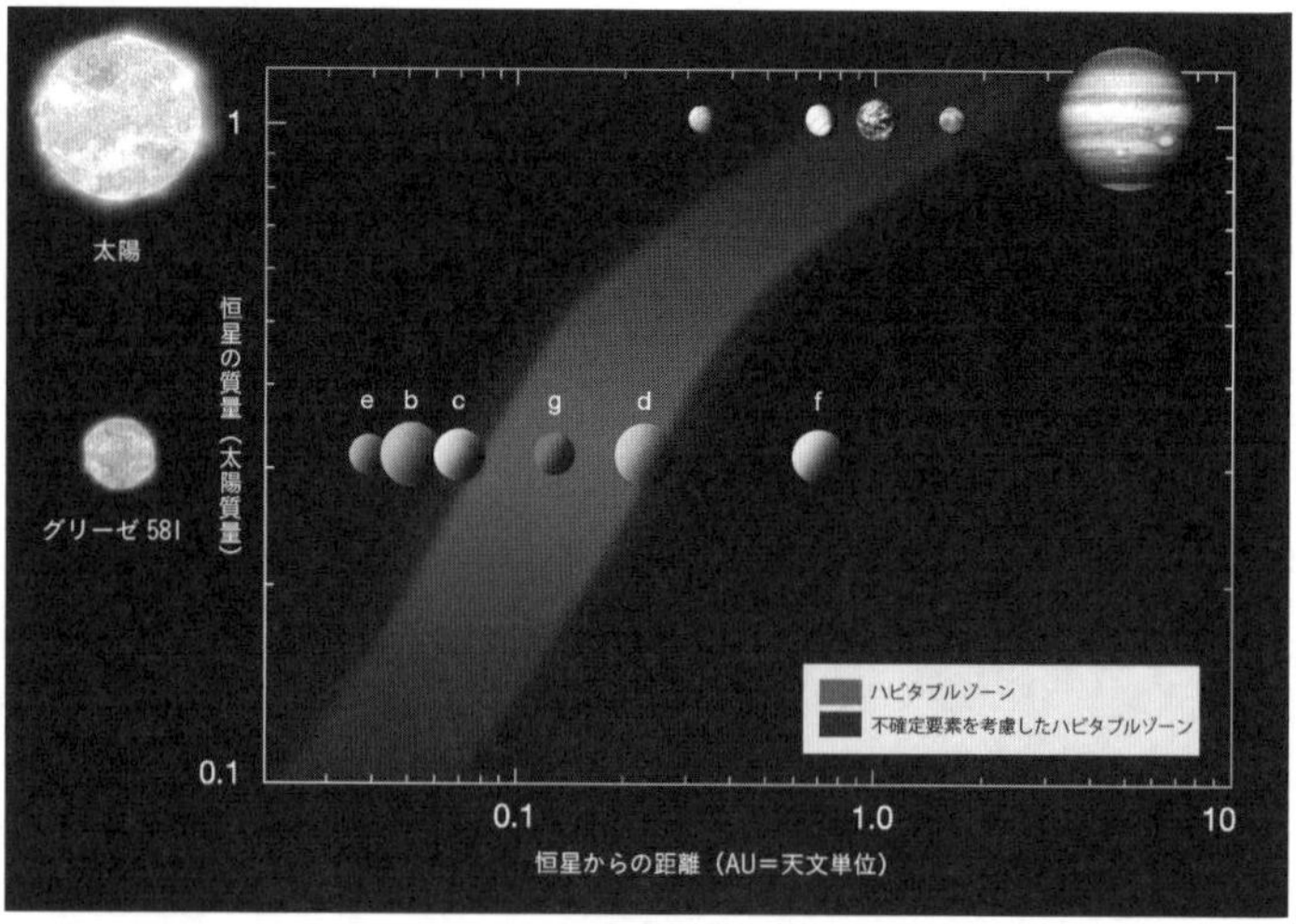

㊿グリーゼ581系のハビタブルゾーン

質量が太陽の約3分の1であるグリーゼ581にとって、地球と同じくハビタブルゾーン（生命存在可能範囲）に存在するのは、グリーゼ581gである。©ESO（一部改変）

いいんだろう。まったく見当がつかない。それでも、生命の本質がパターン（散逸構造）にあって、そのパターンがエントロピー増大原理、そして、エントロピー増大速度と密接に関係しているのであれば、それをうまく利用しない手はないなと妄想しているんだ。

熱の正体は原子や分子の運動

こうなってくると「エントロピー増大速度をどう測るのか」っていう疑問を持つ人もいると思う。でも、エントロピー増大というかエントロピー変化にはちゃんとした物理的定義があるんだよ。今日の最初のほうでも言ったけれど、ある温度の水を別の温度の水に加えるとき、受ける水の温度によって、温度の変化幅が違ってくる。そのとき、エントロピーの変化が見えてくるんだ。

エントロピー変化量を数式で表現すると「$\Delta S > \frac{Q}{T}$」。系、たとえばビーカーに入っている水が絶対温度Tの熱源から熱量Qを受け取ったときのエントロピー変化がΔSである。厳密に言えば、可逆反応の場合は$\Delta S \geqq \frac{Q}{T}$だけど、生命は「時間の矢」がある不可逆的なものなので、可逆反応のことは考えないでおこう。あとは加える熱量を微小にした場合の微小なエントロピー変化のことを考えて、微分式「$dS > \frac{dQ}{T}$」にすればよい。

でも、どうしてこれでエントロピーの変化が測れないんだろう。温度Tはいろいろな方法で測れるし、系外惑星でも望遠鏡を使って温度をリモート測定できる。そして、移動させる熱量Qが予《あらかじ》め分かっていれば問題ない。地球の場合だと、もちろん平均温度は測れるし、太陽から地球が受ける熱量も分かっている。でも、不等号記号「>」が問題なんだな。これでは、「〜より大きい」っていうだけで、実際のエントロピー変化量を求められないじゃないか。

そして、もうひとつ大きな問題がある。それは、そもそも熱量って何なのか、ということにかかわる。

カロリック説という熱力学の仮説が、かつて18世紀〜19世紀にかけて信じられていた。物体の温度が変わるのは、熱の出入りによる。これは正しい。でも間違っていたのは、熱の出入りは「熱素《ねっそ》」の移動によるって唱えたことだ。何か熱の素《もと》になる粒子があって、これが行ったり来たりすることによって温度が変わるんだと。そんなことはないよね。カロリック説はもう19世紀には否定されているんだ。

それでも依然として熱力学においては熱素があたかも存在するかのように扱うんだ。みなさんは化学反応式で熱の出入りを計算したことはあるかな?

――やったような記憶があります。

熱の出入りとはすなわち、熱収支のこと。否定されたにもかかわらず、熱素を仮定することで、いろんな熱収支がうまく説明できてしまう。でも、今では熱は個々の原子や分子やイオンなどの運動エネルギーとの関係で論じられている。だから、熱と運動エネルギーの関係を徹底的に考えていいんじゃないかな。

高温から低温に、何かしらが伝わっている。本当のところ、それは運動エネルギーが伝わっているんだ。モノが熱いっていうのは、それを形作っている原子や分子やイオンが活発に動いているってこと。固体だとしたら、それぞれの位置において原子や分子やイオンが振動・伸縮・回転しているんだ。それら原子や分子やイオンの動きが激しくなると、それぞれの位置に縛《しば》りつけている結合から飛び出してしまう。液体化だ。

熱いモノに接触すると、接触した部分で原子や分子やイオンの動きが伝わる。その動きは隣の原子・分子・イオンに伝わり、そこからさらに隣の原子・分子・イオンへ……と少しずつ運動エネルギーが広まっていく。これを熱の「伝導」と言う。これが「対流」になると原子・分子・イオンそのものが移動する。動きが伝わるのが伝導で、移動するのが対流っていうこと。ビーカーの底で熱せられた水分子は対流でさっさと液面に移動し、そこで空気（窒素《ちっそ》や酸素など）の分子に運動エネルギーを伝える。

この部屋の室温は20℃くらいかな。そうしたら、ここには20℃に相当する運動エネルギーで空気の分子が飛び回っている。空気の平均分子量を29とすると秒速約５００メートルで飛び回るような運動エネルギーだ。簡単に言えば、この運動エネルギーの総和が熱量なんだ。

もちろん、すべての分子がある決まった運動エネルギーにそろっているわけじゃない。ある運動エネルギーを中心にして、おそらくは正規分布をしているだろう。でも、その平均値が「温度」を示すことになる。温度というのは運動エネルギーの指標なんだ。でも、熱量（運動エネルギーの総和）の指標じゃない。

コップの中に水が１８０cc入っているとして、その重さは１８０グラム。この水の中には、水分子は何個あるんだったっけ？

——6×10^{24}個。

そうだね。水の分子量は18だから１８０グラム中に10モルの水分子が存在する（180÷18＝10）。１モルあたりの分子は6×10^{23}個だから、10モルで6×10^{24}個の水分子があることになる。この運動エネルギーの総和が熱だ。でも、熱を測るために個々の分子の運動を全部計算するんだろうか。超多体問題になるよね。

それをやらずにうまく済ませるためにできたのが、統計力学だ。名前ぐらいは知っていると思う。6×10^{24}個でも多いくらいなのに、それ以上に多数の粒子を扱うときには、統計的に扱わなければならない。だから熱力学と統計力学が合体して、統計熱力学という学問ができたんだ。

では、統計熱力学をまじめに考えたら、熱量のリモート測定法ができるんだろうか。僕にはできるかどうかも分からない。少なくとも僕は考えつかないだろうなぁ。もし熱量のリモート測定ができれば、系外惑星における地球外生命探査が可能になるかもしれないし、どこかの惑星に降り立ったときに、目の前のモノが単なる石なのか、あるいはとてもゆっくりした動きをする生物なのかも分かるに違いない。ドラえもんの「ハツメイカー」がほしい！

散逸構造をポジティブに捉える

——たしかに生物がいればエントロピー増大は加速する。しかし生物の活動が局所的にでもエントロピーの増大を抑える効果があるとしたら、生命は、宇宙の寿命が縮まるのを止められる可能性を持っているんじゃないでしょうか。

エントロピーを局所的（ミクロ的）に減少させる散逸構造理論というのは、ロシア生まれでベルギー系アメリカ人のイリヤ・プリゴジンが提唱した理論で、１９７７年にノーベル化学賞が贈られたほど立派な理論なんだ。この理論は、科学界はもちろんのこと、哲学界や思想界にも今でも大きな影響を及ぼし続けている。しかし、もしかしたら君が言うように、散逸構造は大局的（マクロ的）にもエントロピーを減少させる、というふうに理論が改良されるかもしれない。あるいは、散逸構造理論そのものに対する強力な反対意見が出てきて、そっちのほうが正しいと言われるかもしれない。

僕は散逸構造理論をとても尊敬しているし信頼してもいるんだけど、それとて、ひとつの理論なのでいつかは覆《くつがえ》る日が来るだろう。将来的に君が散逸構造理論を覆す理論を提唱してくれたら素晴らしいことだし、そのときのモチベーションが、生命はもっとポジティブに捉えられるはず、というところから出発していたら、なおさらうれしい。ただし、今のところどうも覆りそうにないのは、エントロピー増大の法則。時間の矢が逆転するようなことがあれば別かもしれないんだけどね。でもそれこそ科学の常識をぶっ壊すような話だ。そんな話を聞けて僕はとてもうれしい。

――熱的「死」という漢字を当てられてしまったせいか、いつの間にやらエントロピーが最大化することがネガティブに捉えられてしまっていると思うんです。たとえば、楽園とか天国って完成されている平穏な状態っていうイメージですよね。であれば、生命は楽園を作る手助けをしている、ってポジティブに考えることもできるんじゃないでしょうか。

ほほう、いいねぇ。今までは温度や熱の話をしたけど、ちょっと視点を変えて色で考えてみようか。宇宙というパレットの上にいろんな色の絵の具がある。絵の具がそれぞれ独立して使われるときはエントロピーが低いと言える。ただ、絵の具が各々だんだん広がってきて、混ざり合ってくる。たいがい汚くなるんだけど色が混ざってきて、最終的にひとつの同じ色になったとするよ。

その色をどう思うか、今の僕にはまだはっきりとは言えない。だけど、われわれの意識もこの絵の具と同じじゃないかって思うんだ。人間の意識は個々にまだ分離しているけど、いつか意識同士がドローンと融合していく日が来るんじゃないかという予感がある。それはひとつの楽園かもしれないって、いま僕は君の意見を聞きながら思ったんだ。いわば、われわれのパターンの融合だ。それを楽園と肯定的に捉えるというのは、ほんとうに面白いな。

それから、エントロピーグラフで、ある宇宙に生命がいるかどうかを判定するというのは思いもしないアイデアだった。そのためには、熱というものをもう一度原点から考え直す必要がある。熱という概念はエントロピーを考えるときの根本だからね。

今後の問題点や課題が抽出され整理できたという意味で、この3日間は僕にとっても素晴らしいセッションだった。みなさんにとってはどうだったかな。ちょっと聞かせてもらえないかな。

とびっきり大きな問題を考えよう

――普通に生活しているだけでは深く考えたことがなかったんですけど、人間を含め生命がいることでエントロピーがさらに増大していって、宇宙にまで影響している。とてもスケールが大きくて、すごく面白かったです。

はい、ありがとう。

――生命や宇宙のことを考えているのはたぶん人間だけなのに、宇宙の死を早めるためのひとつのプロセスかもしれないと聞いて、生物はけっこう矛盾したものなんだなと思いました。

その通りだと思う。僕の内部でも矛盾しているんだよね。

――宇宙の意思なんかに関係なく気ままに生きていきたいな、と思いました。

いやあ、それは正論だ。日常いろんなことがあるのに、僕みたいに宇宙のことなんか気にしているのは、はっきり言っておかしいよね……（笑）。

——生物や生命といえば、だいたい地球規模の話が多いと思うんですけど、これまでの話では宇宙規模にまでスケールが大きくなって、視界がとても広がったと思います。

ありがとう。その視点を維持してくださいね。

——授業では生物のつくりとか成り立ちとか過去のことばっかりだったんですけど、生物のいる効果とか生物のもたらす影響とか、とても深い論点が出てきたので視野が広がったなあと思います。

細かいことはさておき、とりあえず大きく見ちゃうっていう視点もあり得るんだよね。もちろん「神は細部に宿る」って言うので、細かいこともちゃんと押さえたうえで、今後も大きいところを見てますます頑張ってください。

——自分から見て自分って案外分からないものなので、知りたくても分からないこともある。僕たちは命を持っていて、命を持っている本人だからこそ、命というものが分かりにくいのかな、って思いました。

そうだね。最初に言ったと思うけど、生命が生命のことをどう理解するか、宇宙の一部が宇宙をどう理解するのか、っていう自己言及の問題がある。本当に根本的な問題であり矛盾だ。でもしょうがない。まあ、できるところで頑張っていくしかないね。

――生物の講義だと思って参加してみたら、最終的には、物理や化学の理論や地学、天文学……ってすべて関わっているわけなんですね。センター試験や科目選択の制約はあるんですけど、理科はやっぱりサイエンスというひとつの分野なんだなぁってあらためて感じました。

そんな科目選択の制約は受験生のうちでしょ。大学に入ってしまえば本当に何でも勉強できるよ。これからもオールラウンドで頑張ってください。

――地球上の生物の話だけではなくて、地球外、宇宙との関係性まで、今まで持っていた概念をすべて壊して考えていったから、生物や生命に対する見方が変わったと思います。

そうだね。生物学の「勉強」の方もしっかりやってください。何事も基礎が大事なんで。ちなみに僕は高校生のとき生物学が大の苦手だったんだよ。いまだに困っているくらい（笑）。

――正直、私は生物が苦手だったんですけど、物理も化学も、しまいには宇宙まで出てきて、いろいろな考えが生まれてとても楽しめました。普段から広い視野を持って、いろんなものを見たいです。

広い視野、そして突拍子もない考え。今回の連続講義では、素晴らしいアイデアと新しい視点がたくさん生まれてきてよかったと思う。僕自身まったく新しい経験だったし、教わることも多くてびっくりした。ほんと、やってよかったと思います。

まあ、そんなところで終わりにしましょう。みなさん、新しい自分を磨いてやってください。

最後に、さっき挙げた『生物はなぜ進化するのか』という本が引用しているドイツの科学哲学者カール・ポパーの言葉を贈ります。

「生命とは問題を解くことである。そして、この宇宙で唯一、問題を解くことのできる複雑なものが生物である」。

みなさん、これからも問題を解いていってください。とびっきり大きな問題を。ありがとうございました。

——ありがとうございました（一同）。

おわりに

仕事柄、いろいろな中学や高校で出前授業（アウトリーチ）をしたり、うちの大学に中高生を招いて科学イベントをしたりすることが多い。この本の企画も、いつも通りの話をして、それを後でテープ起こしして文字化すればいい、というくらいの軽い気持ちでいた。問題は僕の側ではなく、僕とセッションしてくれる生徒さんとセッションの場所を提供してくれる高校を見つけることだった。

さらに大きな問題は僕の南極行きである。僕にとって3度目の南極は日本隊。第52次南極地域観測隊（夏隊）の出発がもう視野に入ってきた頃だ。編集者である綾女欣伸さんに企画を持ちかけて頂いてから出発まで2ヵ月しかなかった。昨今の高校はただでさえ教員も生徒も忙しいのに、こんなタイトなスケジュールで引き受けてくれるところがあるだろうか。

幸いにも広島大学には附属学校がいくつかあって、そのひとつである附属福山中・高等学校（以下、附属福山高校と略す）とはもう10年近く理科教育の共同研究をさせて頂いている。そこでダメモトでお願いしたところ、快く応じて頂いたのがありがたかった。岩崎秀樹校長ならびに竹盛浩二副校長、三藤義郎副校長はじめ、地学の平賀博之先生、物理の山下雅文先生、他にもたくさんの先生方に大変お世話になりました。この場をお借りして篤く御礼を申し上げます。

附属福山高校の生徒さんにも感謝しなくてはならない。先生方の授業努力の結実だろう、生徒さんの知識と思考力はうちの大学生に負けていなく、知的好奇心は大学生以上だった。そのおかげで僕は、手加減するどころか、全力で向き合うしかなかった。よくぞこんな素晴らしい「十人の侍」が集まったものだと感心した。

実は、その前に綾女さんが「これまでの企画では10名くらいがちょうどいいのですが、抽選にするか、高校の先生に選んでいただくか、どうしましょう」と相談してきた。僕は「何もしなくても大丈夫、こういうのは予定調和で行くんだから」と無責任に答えておいた。そうしたら、本当に予定調和してちょうど10名になった。こうなれば、後は何をしてもうまく行く。僕はその時点でセッションの成功を確信し、その通りになった。それはすべて「十人の侍」の生徒さんたちのおかげだ。僕は本当に感謝している、ありがとう。

セッションの内容がテープ起こしで文字化された。そのデータ（電子ファイル）をもらったのは南極への出発前日で、プリントアウトをもらったのは当日だった。綾女さんに空港まで持って来てもらったのだ。それから、オーストラリアのフリーマントルという港町で南極観測船（砕氷船《さいひょうかん》）「しらせ」に乗り、その艦上、そして、南極の昭和基地と野外キャンプで文章を読んだ。

やはり、面前に相手がいるのといないのでは、同じ言葉でも勢いが違う。表情やしぐさ、声の調子やタイミングなど、その場の緊張感が伝わってこない。そこで、本としての体をなすために思い切って文章に大幅加筆した。しかし、南極での作業である。情報収集や事実確認などができず、どこまでうまくできたことか。たとえば、南極に発って間もなく、アメリカの研究者が「ＤＮＡのリンをヒ素に置換した生物」を発見したというニュースが入ってきたが、正確な情報が分からない。これは、このセッションのポリシーである「生命の常識をぶっ壊す」ことのタイムリーな実例なので、是非とも本文に入れたかった。

が、欲しい情報が手に入らないことが幸いしたかもしれない。その情報は、セッションの後に出てきた新事実である。それをセッションの一部であるかのように扱ってよいものかどうか。本の構成としては許されるだろうし、実際によく行なわれていることだ。

しかし、僕はどうしても「あのセッション」を大切にしたいと思った。だから、時間的な矛盾の生じる加筆はしないことにした。そういうワガママを許してくれた、綾女さんに感謝します。

最後に、僕の留守中に綾女さんとの連絡を取り次ぎ、諸事万端を取り仕切ってくれた広島大学の事務職員ならびに研究室メンバーがいなければ、この本はここまで仕上がらなかった。この場をお借りして、心より感謝いたします。

2011年4月　宇宙飛行50周年の日（僕の50歳の誕生日）に

長沼 毅

参考文献

ジョージ・ウィリアムズ『生物はなぜ進化するのか』長谷川眞理子訳、草思社、1998年

都甲潔ほか『自己組織化とは何か――自分で自分を作り上げる驚異の現象とその応用(第2版)』講談社ブルーバックス、2009年

スチュアート・カウフマン『自己組織化と進化の論理』米沢富美子監訳、ちくま学芸文庫、2008年

倉谷滋『個体発生は進化をくりかえすのか』岩波科学ライブラリー、2005年

スティーヴン・ジェイ・グールド『ワンダフル・ライフ――バージェス頁岩と生物進化の物語』渡辺政隆訳、ハヤカワ文庫、2000年

アンドリュー・パーカー『眼の誕生――カンブリア紀大進化の謎を解く』渡辺政隆・今西康子訳、草思社、2006年

佐藤修一『自然にひそむ数学――自然と数学の不思議な関係』講談社ブルーバックス、1998年

長沼伸一郎『物理数学の直観的方法(第2版)』通商産業研究社、2000年

近藤滋ほか『システムバイオロジー(現代生物科学入門 第8巻)』岩波書店、2010年

柳川弘志ほか『合成生物学(現代生物科学入門 第9巻)』岩波書店、2010年

佐藤勝彦『宇宙はわれわれの宇宙だけではなかった』PHP文庫、2001年

本書を刊行するにあたって、以下の皆さまにお力添えいただきました。
篤く御礼申し上げます。——編集部

広島大学附属福山中・高等学校
〈5年生〉倉田康平さん、守屋真我さん、安松亮さん
〈4年生〉石川拓真さん、小猿礼奈さん、栢村梨那さん、日吉真穂子さん、
福井京佳さん、宮地美彩さん、元川典子さん
〈先生方〉岩崎秀樹先生、竹盛浩二先生、三藤義郎先生、平賀博之先生、山下雅文先生
（学年・肩書は当時）

長沼 毅 ながぬま・たけし

1961年、人類初の宇宙飛行の日に生まれる。生物学者。理学博士。広島大学大学院生物圏科学研究科准教授。1989年、筑波大学大学院生物科学研究科博士課程終了。海洋科学技術センター（現・独立行政法人海洋研究開発機構）、カリフォルニア大学サンタバーバラ校海洋科学研究所客員研究員等を経て現職。北極、南極、深海、砂漠など世界の辺境に極限生物を探し、地球外生命を追究する吟遊科学者。著書に『深海生物学への招待』『生命の星・エウロパ』（ともにＮＨＫブックス）『宇宙がよろこぶ生命論』（ちくまプリマー新書）『辺境生物探訪記』（光文社新書）『生命の起源を宇宙に求めて』（化学同人）などがある。

長沼毅ホームページ：http://home.hiroshima-u.ac.jp/nubol/members/naganuma/

長沼毅ブログ「炎と酒の夢日記」：http://blog.livedoor.jp/ibaratenjin/

世界をやりなおしても生命は生まれるか？

生命の本質にせまるメタ生物学講義

２０１１年７月５日　初版第１刷発行
２０１１年８月15日　初版第２刷発行

著者　長沼 毅
装画　北村範史
デザイン　吉野 愛
ＤＴＰ制作　濱井信作（compose）
本文図版イラスト　さくら工芸社
編集担当　綾女欣伸（朝日出版社第二編集部）

発行者　原 雅久
発行所　株式会社 朝日出版社
東京都千代田区西神田３・３・５
〒１０１・００６５
電話 03・3263・3321　FAX 03・5226・9599
http://www.asahipress.com/

印刷・製本　図書印刷株式会社

ISBN978-4-255-00594-2 C0095